数控车床编程与实践操作

主 编 邓 毅　朱明明　黄瑞雪

电子工业出版社

Publishing House of Electronics Industry

北京·BEIJING

内 容 简 介

本书以数控车床编程与实践加工操作为主要内容，并配有相关金属切削加工的基础知识和加工工艺内容。本书主要内容包括数控车床的基本知识、基本操作，口罩机传送辊子，新能源汽车羊角轴，金刚石磨盘坯，矿山机械轴套等编程与加工，以及数控车床中级工、高级工考证练习和自动编程软件 CAXA CAM 数控车的应用。

本书可以作为职业院校、技工学校数控专业、机电一体化技术专业教材，也可以作为相关技术人员自学参考用书。

未经许可，不得以任何方式复制或抄袭本书之部分或全部内容。

版权所有，侵权必究。

图书在版编目（CIP）数据

数控车床编程与实践操作 / 邓毅，朱明明，黄瑞雪主编. —北京：电子工业出版社，2024.1

ISBN 978-7-121-47361-6

Ⅰ. ①数… Ⅱ. ①邓… ②朱… ③黄… Ⅲ. ①控机床－车床－程序设计－高等学校－教材②数控机床－车床－操作－高等学校－教材 Ⅳ. ①TG519.1

中国国家版本馆 CIP 数据核字(2024)第 034963 号

责任编辑：祁玉芹
印　　刷：中国电影出版社印刷厂
装　　订：中国电影出版社印刷厂
出版发行：电子工业出版社
　　　　　北京市海淀区万寿路 173 信箱　邮编：100036
开　　本：787×1092　1/16　印张：15　字数：365 千字
版　　次：2024 年 1 月第 1 版
印　　次：2024 年 1 月第 1 次印刷
定　　价：49.00 元

凡所购买电子工业出版社图书有缺损问题，请向购买书店调换。若书店售缺，请与本社发行部联系，联系及邮购电话：（010）88254888，88258888。

质量投诉请发邮件至 zlts@phei.com.cn，盗版侵权举报请发邮件至 dbqq@phei.com.cn。
本书咨询联系方式：qiyuqin@phei.com.cn。

前 言

数控车床编程方面的教材发展到现在已经具有很多版本,但经调查认为,普遍存在教学内容联系实际不强、配图较少、实践教学可操作性差、教学资源不够丰富、学生自学困难等问题。在本书的编写过程中,编者们结合校企合作,寻找和开发数控车床的典型工作任务,其内容对学生今后的就业岗位知识和技能学习达到举一反三的目的,突出了职业类院校重实践教学和技能提升的特色。

同时,本书考虑到第一次接触数控车床编程学生的实际情况,特别安排"数控车床的基本知识"作为项目一,以帮助学生快速入门。后续的每个学习项目都是源自于企业的真实案例,模拟了企业真实的生产过程,并根据理论和技能的学习认知规律,循序渐进地安排了各类型的子任务。本书教学内容由浅逐步深入,教学流程遵循"导—学—练—评—拓"的教育思路进行。各个项目都有侧重,知识难度由浅入深,教师既可以按照本书内容进行教学,也可以根据实际情况进行项目的重组与调整。本书还将教学内容进行了数字化处理,并配套有相应的思政版教学网课和相应教学微课视频,以方便教师教学。

本书编写组成员有桂林师范高等专科学校的邓毅、朱明明、黄瑞雪,桂林电子科技大学北海校区的唐永忠,桂林航天工业学院的覃学东,桂林福达股份有限公司的蒲鹰等。编写组成员在数控教学、企业生产一线工作均在10年以上,都具有丰富的教学和生产经验。

由于编者水平有限,书中难免有疏漏和不足之处,欢迎广大读者批评指正。

目　　录

项目一　数控车床的基本知识 1
　　任务1　数控车床的认识 1

项目二　数控车床的基本操作 8
　　任务1　数控车床的基本操作 8
　　任务2　数控车床加工的基础工具 16

项目三　口罩机传送辊子——光轴类零件的编程与加工 30
　　任务1　数控车床的编程准备 30
　　任务2　口罩机传送辊子——光轴的粗、精加工的编程 39
　　任务3　斯沃数控仿真软件的应用 48
　　任务4　口罩机传送辊子——光轴的加工 55

项目四　新能源汽车羊角轴——螺纹轴类零件的编程与加工 60
　　任务1　加工工序卡的制作 60
　　任务2　外形圆弧面加工的编程与仿真 67
　　任务3　外槽加工的编程与仿真 81
　　任务4　外螺纹加工的编程与仿真 86
　　任务5　新能源汽车羊角轴的实践加工 92

项目五　金刚石磨盘坯——盘类零件的编程与加工 98
　　任务1　盘类零件的编程与仿真 99
　　任务2　金刚石磨盘坯的实践加工 106

项目六　矿山机械轴套——套类零件的编程与加工 111
　　任务1　套类零件内腔的编程及仿真 112
　　任务2　内槽的编程及仿真 117
　　任务3　内螺纹的编程及仿真 121
　　任务4　矿山机械轴套的实践加工 125

项目七　数控车床中级工技能等级考试实例 133
　　任务1　数控车床中级职业技能鉴定样题1 133
　　任务2　数控车床中级职业技能鉴定样题2 137
　　任务3　数控车床中级职业技能鉴定样题3 141
　　任务4　数控车床中级职业技能鉴定样题4 145
　　任务5　数控车床中级职业技能鉴定样题5 150

项目八　数控车床高级工技能等级考试实例 155
  任务1　数控车床高级职业技能鉴定样题1 155
  任务2　数控车床高级职业技能鉴定样题2 159
  任务3　数控车床高级职业技能鉴定样题3 164
  任务4　数控车床高级职业技能鉴定样题4 169
  任务5　数控车床高级职业技能鉴定样题5 173

项目九　CAM自动编程——CAXA CAM数控车的应用 178
  任务1　CAXA CAM数控车2020软件安装及基本绘图 178
  任务2　零件外轮廓加工的自动编程 185
  任务3　零件内轮廓加工的自动编程 199
  任务4　切槽的自动编程 210
  任务5　螺纹的自动编程 224

项目一　数控车床的基本知识

【项目说明】

数控车床又称为CNC车床，是目前国内使用量较大、覆盖面较广的一种数控工具机械，约占数控工具机械总数的25%。它是一种典型的机电一体化设备，是具有加工精度高、效率高、自动化程度高等优点的工业母机，近几十年来一直受到世界各国的普遍重视并得到了迅速发展。

通过本项目的学习，让学生能够充分了解数控车床的发展历程、基本结构与分类、维护与保养知识，数控车床常用夹具、工量具知识，车工基础工艺知识等，为后续的数控车床编程和实践加工奠定基础。

任务1　数控车床的认识

任务导一导

【任务说明】

现有某公司开辟了数控加工研学基地，需要有讲解员对数控车床的基本结构、工作原理进行讲解。请同学们为完成该讲解任务做好充分的准备，并根据任务书内容加深对数控车床的基本认识。

★学习目标

1. 知识目标

（1）了解数控车床的发展历程。
（2）掌握数控车床的分类和结构。
（3）了解数控车床的保养知识。

2. 技能目标

（1）认识数控车床的基本结构及部件。
（2）懂得数控车床的日常基本维护和保养。

3. 思政目标
（1）培养学生的爱国主义精神。
（2）培养学生的探索求知能力。
（3）培养学生的劳动精神。

知识学一学

一、数控车床的组成及工作原理

1. 数控车床的组成

数控车床主要由车床主体、数控装置、伺服机构、辅助装置和检测装置五个部分组成。其外形如图1-1-1所示。

图 1-1-1　数控车床的外形

（1）车床主体。

车床主体是数控车床的机械结构实体，是用于完成各种切削加工的机械部分，包括主运动部件（如主轴箱）、进给运动部件（如工作台、滑板、丝杠等传动部件）和床身、立柱、支撑部件等。

（2）数控装置。

数控装置是数控车床的核心。图1-1-2所示为某数控车床的数控装置。它由输入装置（键盘）、控制运算器（CPU）和输出装置（显示器）等构成。它的功能是将输入的各种信息经控制运算器的计算处理后再经输出装置向伺服系统发出相应的控制信号，由伺服机构带动车床按预定轨迹、速度、方向运动。

（3）伺服机构。

伺服机构是数控车床的执行机构，由驱动装置和执行部件（如伺服电动机）两大部分组成。伺服电动机的外形如图1-1-3所示。

（4）辅助装置。

辅助装置包括刀库、液压或气动装置、冷却系统和排屑装置以及自动进料装置等。

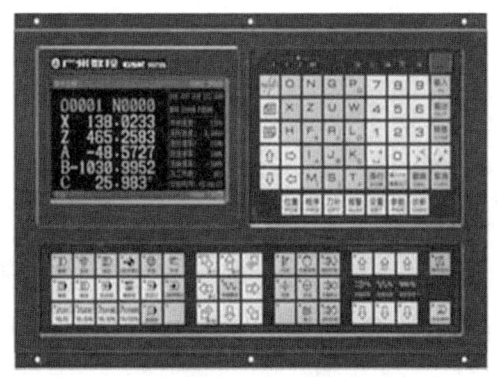

图 1-1-2 数控装置

图 1-1-3 伺服电动机的外形

（5）检测装置。

检测装置将数控车床各个坐标轴的实际位移量、速度参数检测出来，转换成电信号，并反馈到车床的数控装置中。检测装置的检测方法有多种，常用的有直线光栅、光电编码、圆光栅和绝对编码尺等。

2. 数控车床工作原理

在传统的金属切削车床上，操作者在加工零件时，根据图纸的要求，需要人工不断地改变刀具的运动轨迹和运动速度等对工件进行切削加工，最终加工出合格的零件。在数控车床上，加工过程中的人工操作均被数控系统所取代，其工作过程为：首先要将加工图纸上的几何信息和工艺信息数字化，即将刀具与工件的相对运动轨迹按规定的规则、代码和格式编写成加工程序，数控系统则按照程序的要求进行相应的运算、处理，然后发出执行指令，使各坐标轴、主轴以及辅助机构相互协调运动，以实现刀具与工件做相对运动，并自动完成零件的加工。

数控车床加工零件的工作过程如图1-1-4所示，加工步骤如下。

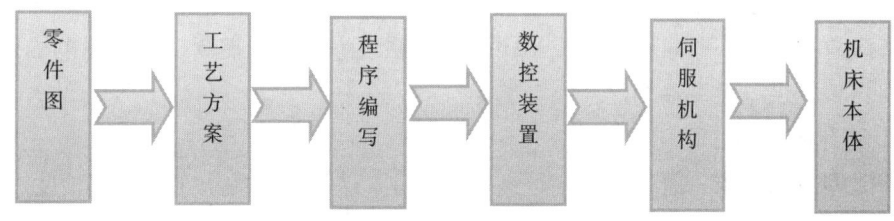

图 1-1-4 数控车床的工作过程

（1）根据被加工零件的图纸与工艺方案，用规定的代码和程序格式编写出加工程序。

（2）将所编写的加工程序指令输入到车床数控装置中。

（3）数控装置对程序（代码）进行处理之后，向车床各个坐标的伺服机构和辅助控制装置发出执行指令。

（4）伺服机构按照接到的执行指令来驱动车床的各个运动部件，并控制所需的辅助动作。

（5）车床自动加工出合格的零件。

二、数控车床的分类

目前,数控车床的品种齐全、规格繁多。以下介绍几种常见的数控车床分类。

1. 按照控制方式分类

(1)开环控制数控车床。

这类数控车床不带位置检测装置,通常用步进电机作为执行机构。其输入数据经过数控装置进行运算,并发出脉冲指令,使步进电机转过一个步距角,再通过机械传动机构转换为工作台的直线移动,移动部件的移动速度和位移量由输入脉冲的频率和个数决定。

(2)半闭环控制数控车床。

这类数控车床在电机的端头或丝杠的端头安装了检测元器件(如感应同步器或光电编码器等),通过检测其转角来间接检测移动部件的位移量,然后将数据反馈到数控系统中。由于大部分机械传动环节未包括在系统闭环环路内,因此可获得较稳定的控制。控制精度虽不如闭环控制数控车床,但其调试比较方便,因而被广泛采用。

(3)闭环控制数控车床。

这类数控车床带有位置检测装置。位置检测装置采用直线位移检测元器件,直接安装在车床的移动部件上,并将测量结果直接反馈到数控装置中,通过反馈可消除从电机到车床移动部件整个机械传动链中的传动误差,最终实现精确定位。

2. 按使用功能分类

(1)简易数控车床。

简易数控车床的主体部分是由普通车床改造而成的,一般由单片机或者PLC进行进给控制。此类车床结构简单,价格相对较低,但功能较少,缺少刀尖圆弧半径补偿、刀具状态显示等复杂功能。

(2)经济型数控车床。

经济型数控车床一般采用开环或半闭环控制系统进行加工控制,床头箱电机采用的是普通三相异步电机,无主轴相位控制功能。

(3)全功能型数控车床。

全功能型数控车床一般采用半闭环或闭环控制。这种类型的车床具有高精度、高强度、高刚度和加工速度快等特点。

(4)车削中心。

车削中心以全功能型数控车床为主体,并配有动力刀头和换刀系统。这种类型的车床功能全面,加工精度高,加工范围更加宽广,加工适应性更强,但价格较高。

3. 按主轴位置分类

(1)卧式数控车床。

卧式数控车床的主轴轴线处于水平位置。同时,根据导轨的布局形式,其又分为水平导轨卧式车床和斜导轨卧式车床。其中斜导轨结构可以使车床床身具有更大刚性，并且易于排出切屑。

（2）立式数控车床。

立式数控车床的主轴垂直于水平面，按其主轴结构又可分为单轴（单柱）立式数控车床和双轴（双柱）立式数控车床，如图1-1-5所示。此类型的车床，由于主轴方向与重力方向相同，主轴可承受力更大，主要用于加工径向尺寸大、轴向尺寸相对较小的大型复杂零件。

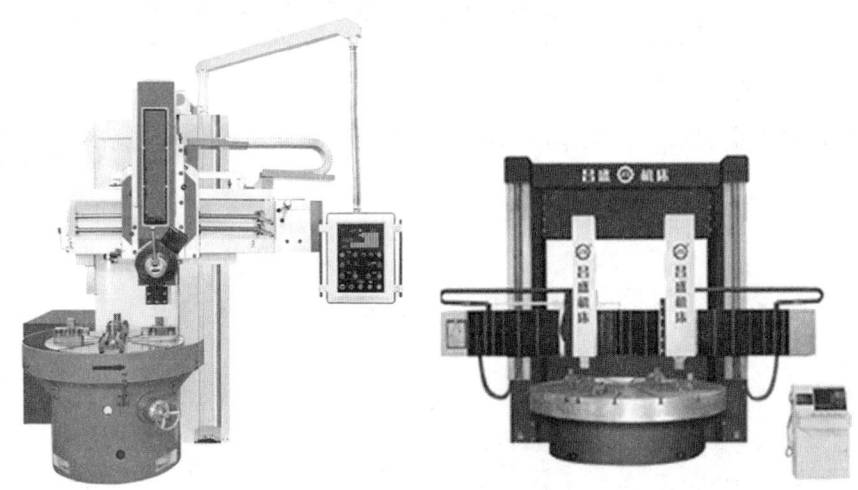

图1-1-5　单轴和双轴立式数控车床

三、数控车床的日常保养及维护

数控车床作为典型的机电一体化机械，是一种高度自动化的先进设备，要想使其能够长时间发挥效能，减少故障发生率，就必须严格做好设备的日常维护和保养工作。具体的日常保养及维护工作内容如下。

（1）需要严格遵守设备使用规程。数控车床的编程人员、操作人员和维护人员必须经过专门的技术训练，使用前要研读设备厂家的操作说明书，合理地操作数控车床，避免由于误操作造成设备的损坏或人员的伤亡。

（2）操作人员在设备开机前需要确认设备电力系统、润滑系统、气压系统等是否工作正常。使用后需要对导轨、尾座、刀架等部分进行打油保养，用油要符合设备厂商的推荐。

（3）每天应检查数控装置、配电柜等电气部分的密封情况和冷却风扇是否工作正常，以保证设备电控部分的干燥。防尘网如灰尘过多应及时清理，防止系统因灰尘或潮湿造成工作不稳定。

（4）定期检查电气接线，检查各类插头、电缆、继电器触点等是否有接触不良、短路或断路等故障。定期查看设备接地是否可靠，以保证设备和人员的使用安全。平时应尽可能少地打开设备配电柜门。

（5）定期更换设备存储电池。有些数控系统的参数保存是需要借助外接电池的，当电池电压低于一定值时就需要及时进行更换，以防止电池掉电导致设备重要参数的丢失。同时，更换电池时应注意要在系统通电状态下更换，以免电池拆卸后造成数据丢失。

（6）定期进行设备的水平和机械精度的检测与矫正。

（7）长期不用的车床，需要进行打油封存，并且每隔半个月进行通电驱潮，以保证以后使用时系统工作的稳定性。

任务练一练

（1）现场认识数控车床的基本结构和部件。

（2）查看国内企业常用数控车床系统的种类及特点介绍（分国产系统和国外系统介绍）。

收获评一评

评价项目	配分	评价内容	综合评价			最终得分
			自评	互评	教师评价	
职业素养	30	迟到（5分）				
		早退（5分）				
		串岗（5分）				
		6S管理（5分）				
		认真完成任务（10分）				
专业能力（数控车床的基本知识）	70	遵守实验室规范（20分）				
		认识数控车床的基本组成（20分）				
		数控车床的日常保养内容（20分）				
		国内常见数控车床系统的种类及特点（10分）				
学习心得						
教师评语						最终成绩

能力拓一拓

（1）数控车床验收，一般需要检测哪些指标？

（2）查阅常用的数控车床附件有哪些？

项目二　数控车床的基本操作

【项目说明】

数控车床是全球使用最为广泛的数控机床之一。它主要用于回转体零件的加工，能够按照事先编制好的程序自动地对被加工零件进行加工制造。通过本项目的学习，让学生能够充分了解广数980TDb系统的基本操作，熟悉数控车床的基本坐标系知识、安全操作和维护保养知识，以及数控车床的常用夹具、工量具知识等，能够为后续的数控车床编程和实践加工奠定基础。

任务1　数控车床的基本操作

任务导一导

【任务说明】

某公司购买了一批数控车床，要求员工学习数控车床的安全操作规程以及必要的保养与维护知识。同时要求熟悉数控车床的基本坐标系及其基本操作，包括规范开关机、程序编写方法等。

★学习目标

1. 知识目标

（1）掌握数控车间的基本管理规定。
（2）掌握数控车床的基本操作。
（3）了解数控车床的各类坐标系统。

2. 技能目标

（1）掌握MDI模式的应用方法。
（2）掌握程序的手动输入方法。
（3）掌握用U盘输入程序的基本方法。

3. 思政目标

（1）培养学生爱护生产设备的精神。

（2）培养学生探索求知的能力。
（3）培养学生团结协作的精神。

知识学一学

一、安全操作规程

1. 操作前的注意事项

（1）进入数控车间实习必须穿好工作服、安全鞋，扎紧袖口，女同学戴工作帽，长头发、辫子需套入帽内，戴好防护镜，严禁戴手套、围巾操作车床。不能穿着过于宽松的衣服。

（2）必须服从指导人员的安排。禁止从事一切未经指导人员同意的工作，不得随意触摸、启动各种开关。

（3）在实训场所禁止大声喧哗、嬉戏追逐。禁止吸烟，禁止在实训场所乱扔垃圾。

（4）车床工作开始前要检查润滑油是否足够。

（5）车床工作开始时要低速转动进行预热。

2. 工作过程中的注意事项

（1）工件一定要夹紧，以免卡盘运转时工件掉出砸伤车床或伤人。

（2）装夹紧工件和刀具后，必须将卡盘扳手和刀架扳手取下来，以避免卡盘运转时飞出造成伤害。

（3）在加工过程中要关好防护门，避免工件或铁屑飞出伤人。

（4）禁止用手接触刀尖和铁屑，铁屑必须用铁钩子或毛刷来清理。

（5）禁止用手或以其他任何方式接触正在旋转的主轴、工件或其他运动部位。

（6）禁止在加工过程中测量工件、变速，更不能用棉丝擦拭工件，也不能清扫车床。

（7）在车床运转中，操作者不得离开岗位，发现车床出现异常现象应立即停机，并且立即向指导教师报告。

（8）多人共用一台车床时，严禁多人同时操作，只能一人操作一机。

3. 工作后的注意事项

（1）工作完成后，所有功能键应处在复位位置，工作台处于车床尾座一侧，并按照指导教师指导的关机步骤正确关机。

（2）清洁保养车床。要保持工作环境的整洁，每天下课前15分钟，必须清除切屑、擦拭车床，车床周围必须打扫干净，必要时给车床添加润滑油。

（3）任何人在使用设备后，都应把刀具、工具、量具、材料等物品整理好，并做好设备清洁和日常设备维护工作。

（4）下课后做好"三关"：关门、关窗、关电。

二、车床面板的介绍

不同的数控车床操作系统具有不同的操作界面,一般操作系统型号都会标注在系统显示器上方。本书主要介绍广数980TDb系统,图2-1-1所示为该数控系统主操作界面,具体按键作用如下。

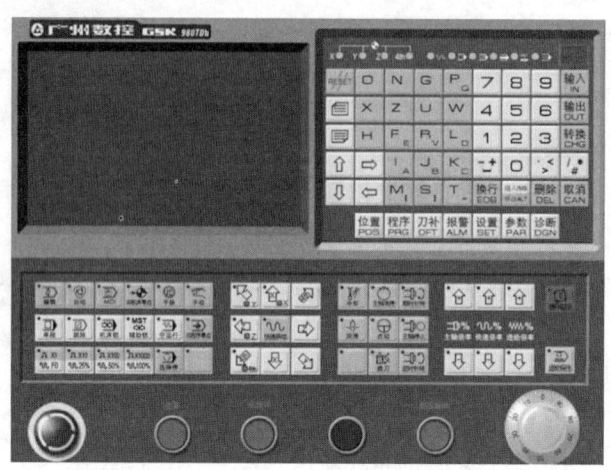

图 2-1-1　广数 980TDb 数控系统主操作界面

(1)复位 RESET 和急停 ●：当车床处于异常、紧急或危险状况时可停止车床所有运转。

(2) 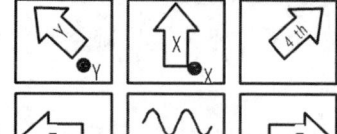：当车床在手动状态时,通过该按钮可控制工作台的相应移动方向。 ：当工作灯亮时,进入快速移动状态。此按钮在手动方式下无效。

(3) ：为速度修调按钮。

手轮方式下：*1、*10、*100分别代表手轮每小格为0.001mm、0.01mm、0.1mm。

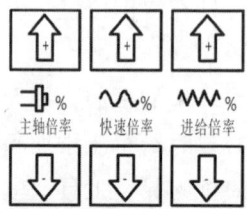

【主轴倍率】：+、-可以在50%~120%范围内调节主轴的转速。

【快速倍率】：+、-可以在0%~100%范围内调节G00的快速进给速度。

【进给倍率】：+、-可以在0%~150%范围内调节G01、G02、G03的进给速度。

（4）▣逆时针转：在手动操作方式下，主轴逆时针转动。

▣主轴停止：在手动操作方式下，主轴停止。

▣顺时针转：在手动操作方式下，主轴顺时针转动。

×此按键在动作时，是运行的前一次主轴的转速。在刚开机时，由于前一次转速掉电清零，因此不能使用此种方式开启主轴。要通过"录入"方式，输入一个"S"转速值后才能通过此种方式旋转主轴。

（5）▣冷却：任意模式下按此键，冷却液在开关之间任意切换。

（6）▣换刀：手轮或手动状态下按此键，刀具按顺序轮流切换。

三、车床坐标系和工件坐标系

1. 车床坐标系

在标准车床坐标系中，X、Y、Z坐标轴的相互关系由右手直角笛卡儿坐标系决定，如图2-1-2（a）所示。

（1）伸出右手的大拇指、食指和中指，并互为90°。大拇指代表X坐标轴，食指代表Y坐标轴，中指代表Z坐标轴。

（2）大拇指的指向为X坐标轴的正方向，食指的指向为Y坐标轴的正方向，中指的指向为Z坐标轴的正方向。

（3）围绕X、Y、Z坐标轴旋转的坐标分别用A、B、C表示。根据右手螺旋法则，大拇指的指向为X、Y、Z坐标轴中任意轴的正方向，则其余四指的旋转方向即为旋转坐标轴A、B、C的正方向，如图2-1-2（b）所示。

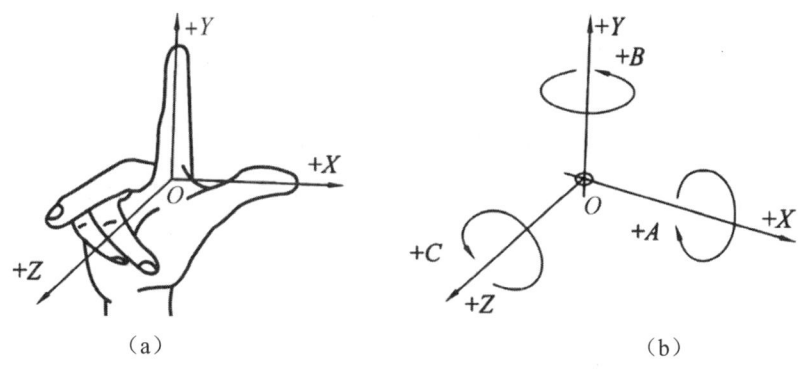

图 2-1-2　右手直角笛卡儿坐标系

2. 数控车床坐标系的确定方法

（1）坐标轴的确定方法。

一般先确定Z坐标轴，因为它是传递切削动力的主要轴或方向，再按规定确定X坐标轴，最后用右手直角笛卡儿法则确定Y坐标轴。图2-1-3、图2-1-4和图2-1-5所示为几种数控车床的坐标系。

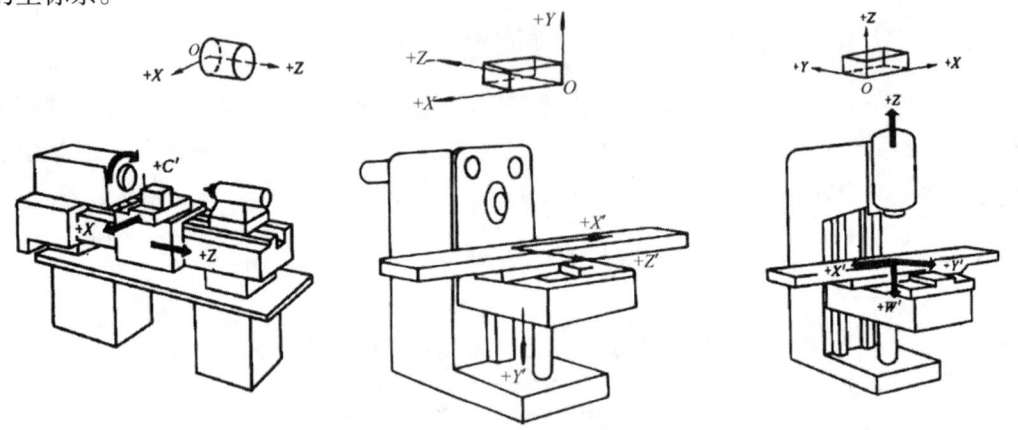

图 2-1-3　数控车床坐标系　　图 2-1-4　卧式数控铣床坐标系　　图 2-1-5　立式数控铣床坐标系

（2）车床原点。

车床原点又称为机械原点或车床零点，即车床坐标系的原点，是在车床上设置的一个固定点。它在车床装配、调试时就已确定下来了，是数控车床进行加工运动的基准参考点。车床原点一般设置在车床移动部件沿其坐标轴正向的极限位置。在数控车床上，车床原点一般设在卡盘端面与主轴中心线的交点处，如图2-1-6所示。

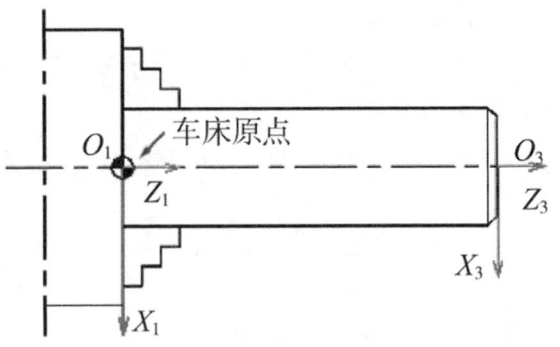

图 2-1-6　数控车床上的车床原点

（3）车床参考点。

车床参考点是指用于对车床运动进行检测和控制的固定位置点。它是与车床原点相对应的另一个车床参考点，它是车床制造商在车床上用行程开关设置的一个物理位置，与车床的相对位置是固定的。车床参考点一般不同于车床原点，一般来说，加工中心的参考点为车床的自动换刀位置。图2-1-7所示为数控车床的参考点与车床原点。

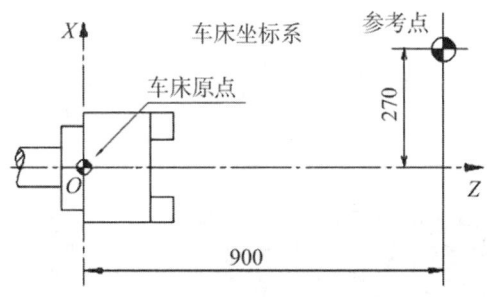

图 2-1-7　数控车床的参考点与车床原点

3. 工件坐标系

工件坐标系也称为编程坐标系,是编程人员根据零件图纸及加工工艺等建立的坐标系。工件坐标系一般供编程人员使用,确定编程坐标系时不必考虑工件毛坯在车床上的实际装夹位置。

工件坐标系的原点(编程原点)一般设在零件的设计基准或工艺基准上,以便于尺寸计算。工件坐标系中各轴的方向与所使用的数控车床相应的坐标轴方向一致,图2-1-8所示为车削零件的工件坐标系及编程原点。

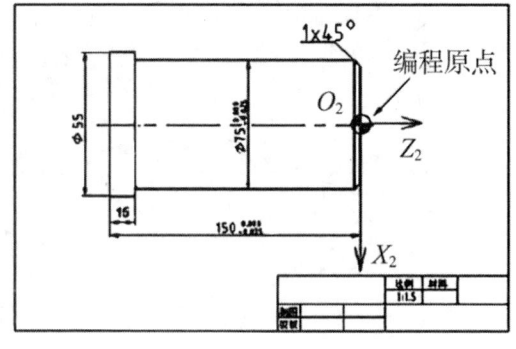

图 2-1-8　工件坐标系

四、数控车床的程序输入

数控车床的程序输入方法主要包括手动程序输入、U盘程序传输、网线传输以及R232串口传输。下面我们将对手动程序输入和U盘程序传输方法做主要介绍。

1. 手动程序输入方法

(1)程序输入。

① 在编辑模式下,按"字母O+4位数字",按"EOB"按键,以新建程序。

② 使用程序输入界面,将编辑好的程序逐行输入,换行使用"EOB"按键,退格使用"撤销"按键,错误使用"删除"按键。双字母按键,按第二次输入键盘中较小的字母。程序输入后将自动保存在系统中。

(2)程序删除。

在编辑模式下,按程序名(字母O+4位数字),单击"删除"按钮,然后单击"确定"按钮,则可删除相应的程序。

2. U盘程序传输方法

在编辑模式下,按3次"程序"按钮,在屏幕中找到如图2-1-9所示界面。屏幕左边为车床系统内部程序，右边为U盘内部程序（如无法看到U盘，请更换容量小于4G的小容量U盘；如无法看到U盘内程序，有可能是该程序名或程序内部代码格式有误，请检查后重新进行该操作）。单击"转换"按钮，可将光标切换至U盘，按"输入"按钮即可将U盘内的程序传输到数控车床系统内部。

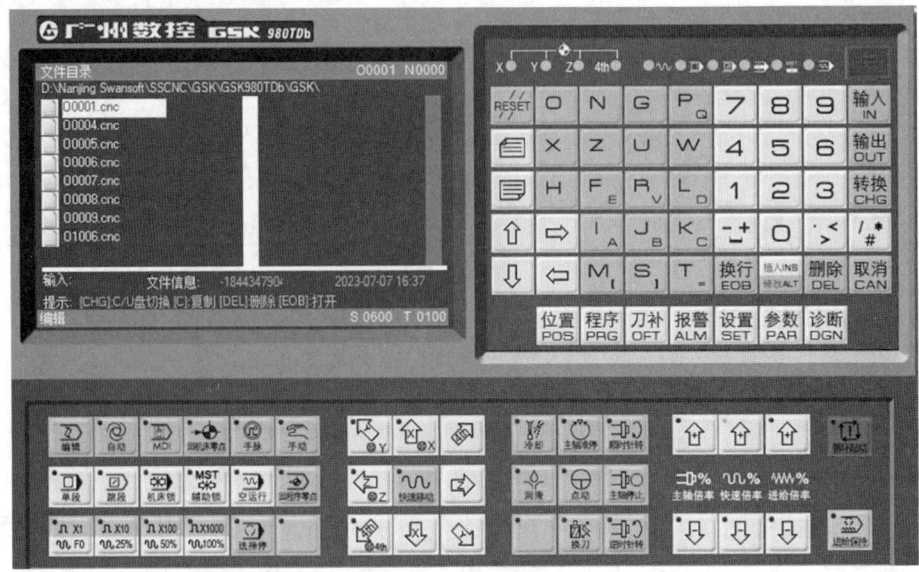

图 2-1-9　U 盘程序传输界面

任务练一练

（1）进行数控车床的开关机操作。

（2）进行数控车床的基本移动操作，包括首轮移动X、Z轴，手动方式移动X、Z轴，以及主轴正转150r/min热机操作。

（3）进行数控车床的手动程序输入。

（4）使用U盘进行程序的输入和输出操作。

（5）结束后清空车床内部的所有程序。

收获评一评

评价项目	配分	评价内容	综合评价			最终得分
			自评	互评	教师评价	
职业素养	30	迟到（5分）				
		早退（5分）				
		串岗（5分）				
		6S管理（5分）				
		认真完成任务（10分）				
专业能力（数控车床的应用能力）	70	遵守安全操作规范（20分）				
		规范开关机（10分）				
		手动程序输入（10分）				
		U盘程序传输（10分）				
		程序的编辑及删除（10分）				
		数控车床热机操作（10分）				
学习心得						
教师评语						最终成绩

能力拓一拓

（1）常用的数控车床加工仿真软件有哪些？

（2）数控车床开机回零操作的作用是什么？是否所有类型的车床开机都要进行回零操作？

（3）数控车床每日保养的内容有哪些？

任务 2　数控车床加工的基础工具

任务导一导

【任务说明】

某公司购买了一批数控车床，员工们在熟悉数控系统操作的基础上，还需要熟悉数控车床刀具类型及安装知识，车床夹具、量具等常用数控车床附件，为后期的劳动生产做准备。

★学习目标

1. 知识目标

（1）了解数控车床刀具的分类及应用。

（2）掌握车床刀具的安装原则。

（3）掌握游标卡尺、千分尺的基本结构及读数方法。

2. 技能目标

（1）掌握数控车床刀具的安装方法。

（2）掌握游标卡尺、千分尺的测量方法。

（3）熟悉游标卡尺、千分尺的基本保养方法。

3. 思政目标

（1）培养学生的安全操作意识。

（2）培养学生精益求精的工作精神。

（3）培养学生的团结协作精神。

知识学一学

一、数控车床刀具的介绍

1. 数控车床常用刀具类型

数控车刀主要用于加工回转表面。从加工用途角度,可以把常用的车刀分为外圆类车刀、内孔类车刀、切槽类车刀和螺纹类车刀四种类型。常见的车刀加工部位图如图2-2-1所示。

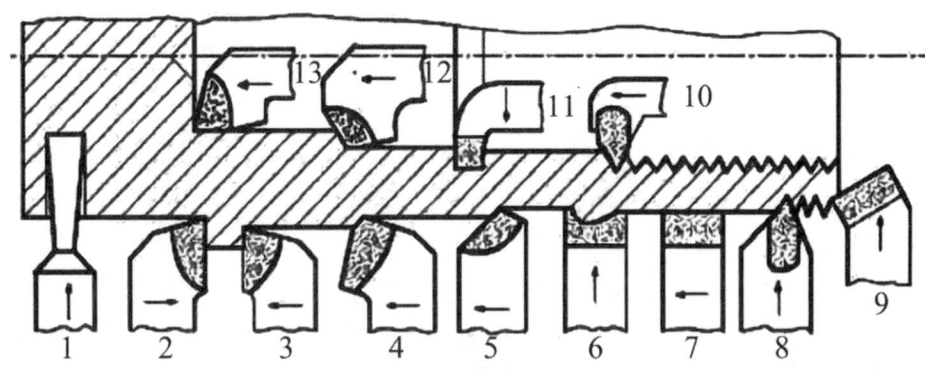

图 2-2-1　常见的车刀加工部位图

(1)外圆类车刀。

外圆类车刀有很多样式,可以根据加工零件不同的部位特点选择左偏刀或右偏刀、尖刀或圆弧型车刀。也可根据粗、精加工类型选择不同的切削角度,以适应端面、圆柱面、台阶面、圆弧面等类型的加工。常见的外圆类车刀如图2-2-2所示。

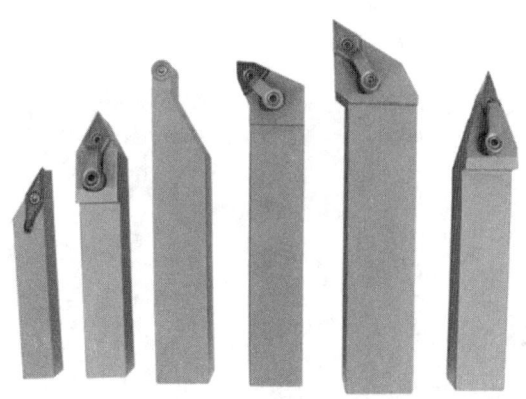

图 2-2-2　常见的外圆类车刀

(2)内孔类车刀。

内孔类车刀根据加工孔类型的不同,可分为通孔车刀和盲孔车刀,主要用于加工内圆柱面、内台阶面、内锥面、内圆弧面等。常见的内孔类车刀如图2-2-3所示。

图 2-2-3　常见的内孔类车刀

（3）切槽类车刀。

切槽是数控车床的主要加工内容之一。切槽类车刀根据加工部位的不同，可分为外圆槽刀、端面槽刀和内孔槽刀，根据槽的形状可分为直槽、切槽、T型槽以及圆弧槽。常见的切槽类车刀如图2-2-4所示。

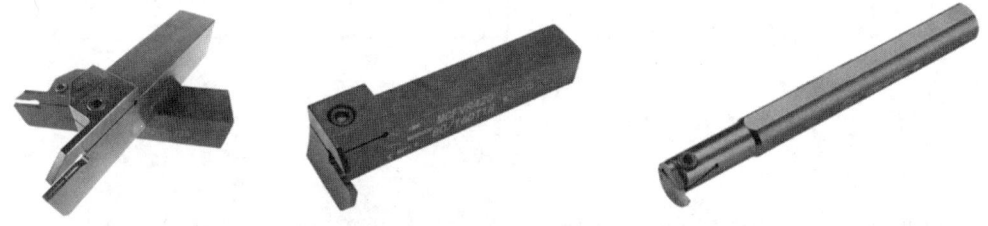

图 2-2-4　常见的切槽类车刀

（4）螺纹类车刀。

螺纹类车刀按照加工螺纹的部位，可分为外螺纹车刀和内螺纹车刀，常见的螺纹类车刀如图2-2-5所示。

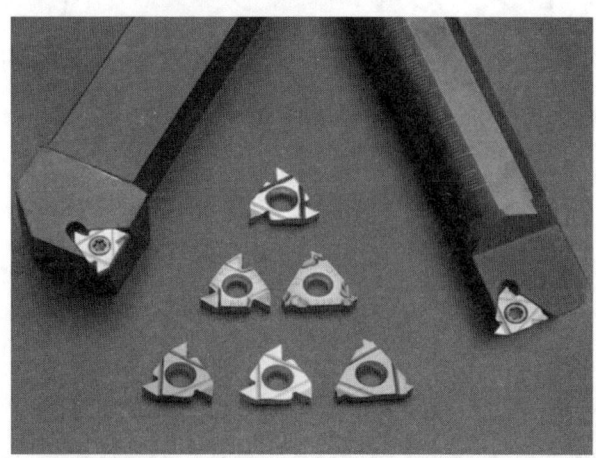

图 2-2-5　常见的螺纹类车刀

2. 数控车床刀具的安装

数控车床刀具的安装应该注意以下几点。

（1）在正常加工的条件下，车刀应尽可能伸出短些。因为车刀伸出过长，会导致刀杆刚性减弱，在切削力的作用下，车刀容易产生振动，影响加工表面质量。一般来说，车刀伸出的长度不超过刀杆厚度的2倍。

（2）车刀的刀尖应对准工件的回转中心。车刀安装得过高或过低都会使车刀角度发生变化而影响切削。根据经验，粗车外圆时，可将车刀装得比工件中心稍高一些；精车外圆时，可将车刀装得比工件中心稍低一些。这要根据工件直径的大小来决定，无论装高或装低，一般不能超过工件直径的1%。

（3）装车刀用的垫片要平整，且长度一致，必须超过刀具安装2颗螺钉的长度。同时，尽可能地使用厚垫片以减少片数，一般只用2片或3片。如垫片的片数太多或不平整，会使车刀产生振动，影响切削。应使各垫片处在刀杆正下方，前端不要超出刀座边缘，且要对齐。

（4）车刀放至刀架位置后，需要紧固两颗螺钉。紧固时，应轮换逐个拧紧，且在夹紧过程中防止刀具滑动变斜。同时要注意，一定要使用专用扳手，不允许再加套管等，以免使螺钉受力过大而损伤。刀具安装典型错误图如图2-2-6所示。

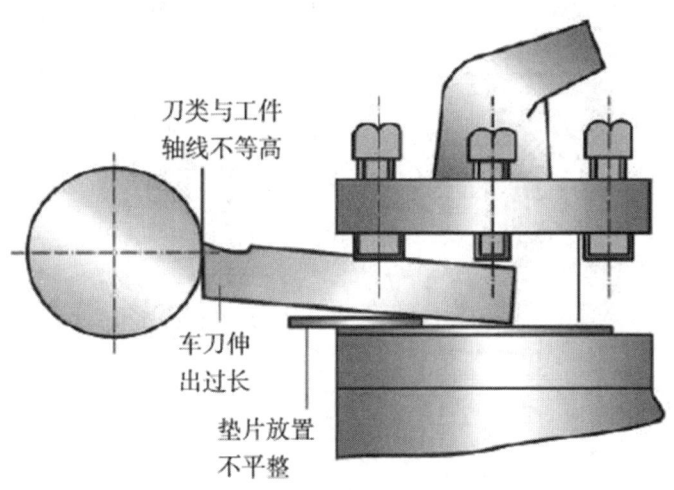

图2-2-6　刀具安装典型错误图

二、数控车床零件的装夹与校正

1. 车床常用夹具

夹具是指用来将加工零件固定在一定位置的装夹工具。根据夹具的使用范围可将夹具分为通用夹具和专用夹具。下面只对常用的通用夹具做一个简单的介绍。

（1）三爪卡盘。

三爪卡盘（如图2-2-7所示）又称自定心卡盘，是车床上应用最为广泛的一种通用夹具，它能将装夹的回转体工件自动定心。其工件拆装方便，但装夹精度一般，夹紧力适中，容易引起工件局部变形，主要用于形状规则零件的装夹。

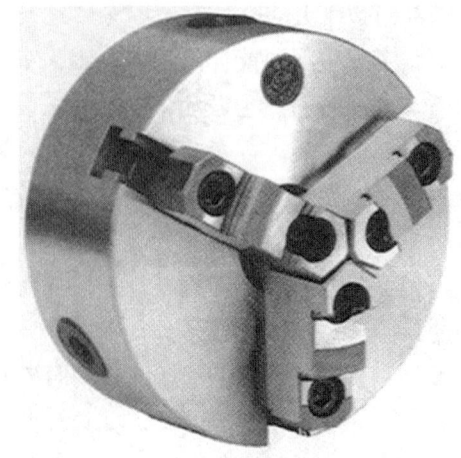

图 2-2-7　三爪卡盘的外形

　　三爪卡盘一般是由卡盘本体、端面螺纹盘和活动卡爪以及驱动机构等部分组成，如图 2-2-8 所示。卡爪中央有通孔，以便通过较长的工件或毛坯。卡爪的规格是由卡爪外圆的直径来定义的，常用的卡爪规格有 $\phi 160mm$、$\phi 200mm$ 和 $\phi 250mm$。

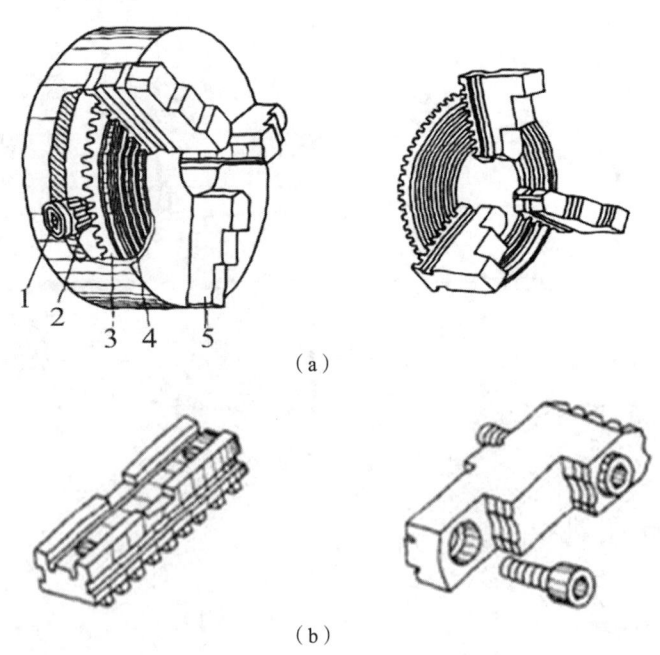

图 2-2-8　三爪卡盘结构图

三爪卡盘在使用过程中应当注意以下几点。

①　正爪装夹工件的尺寸不宜超出卡爪伸出尺寸的 1/3，否则卡爪与端面螺纹盘的啮合螺纹较少，容易造成工件松动，严重时甚至会造成卡爪螺纹断裂。

② 在装夹精加工面时，应采用铜皮包裹，以免造成工件的夹伤或划伤。

③ 在装夹大尺寸工件时，应尽量使用反爪装夹，以保证装夹的强度。

④ 禁止用气枪对卡盘进行清洁工作，以免加工碎屑进入端面螺纹，造成出现卡爪开合困难、卡死、装夹精度丢失等后果。

⑤ 当卡爪开合困难时，要及时对卡爪进行清洁保养。长时间不用时，也应打油维护并进行封存，以免卡爪卡死而影响使用。

三爪卡盘的维护方法如下。

① 至少每6个月拆下卡盘分解清洗一次，以保持夹爪滑动面干净并给予润滑。但如果切削铸铁，则应每2个月至少清洁一次卡盘，并检查各零件有无破裂及磨损情形，严重者应立刻更换。检查完毕后，要充分给油，然后进行规范组装。

② 作业完成时务必以风枪或类似工具来清洁卡盘本体及滑道面。

③ 使用具有防锈效果的切削油，可以预防卡盘内部生锈，因为卡盘生锈会降低夹持力而无法将工件夹紧。

④ 针对不同工件，应当使用不同夹持方式或选择制作特殊夹具。三爪卡盘只泛用型一种挟治具，牵强使用它去夹不规则或古怪工件，会造成卡盘损坏。若卡盘压力不正常，会使不同卡盘处于不同高压应力下，从而造成局部塑性形变，或设备关机后卡盘仍夹持工件，这都会降低卡盘寿命。所以当装夹时发现卡盘间隙过大，须立即更换新卡盘，以免发生工件甩出状况，造成安全事故。

（2）四爪卡盘。

四爪卡盘又称四爪单动卡盘，如图2-2-9所示，也是车床常用的通用夹具之一。它是由四个不相关的卡爪组成，每个卡爪背面有一半的内螺纹与一个螺杆相匹配，螺杆端部有一个四方孔，四个卡爪均可单独移动，常用于偏心件和一些不规则工件的装夹。装夹时可以用画线或百分表校正，调整相对比较耗时。

图 2-2-9　四爪卡盘的外形

（3）花盘。

花盘就是装夹在车床主轴的一种圆盘，在圆盘上开有许多T型槽，可以与T型块匹配穿插螺栓，通过螺栓可以将加工工件进行固定，花盘的外形如图2-2-10所示。

图 2-2-10　花盘的外形

2. 零件的校正

所谓校正，就是指将装夹的工件回转中心与数控车床主轴的回转中心对正重合的一个过程。数控车床零件校正的常用方法有目测校正、挡块校正和百分表校正等。下面介绍目测校正和百分表校正的内容。

（1）目测校正。

所谓目测校正，就是将加工零件装夹在卡盘上预加紧后，让主轴低速旋转，观察零件的跳动情况，找出最高点或最低点，使用铜棒进行微调，直到目测跳动较小为止。该方法主要用于对毛坯或同轴度要求不高的零件校正，校正精度较差，能够控制在0.5~2mm范围内。

（2）百分表校正。

所谓百分表校正，如图2-2-11所示，就是将百分表安装在刀架或中拖板上，通过百分表调整加工零件轴线与车床主轴轴线重合的过程。百分表校正经常应用在半精或精加工阶段，主要是对已加工面进行打表校正，精度较高，可以达到0.03mm以内。

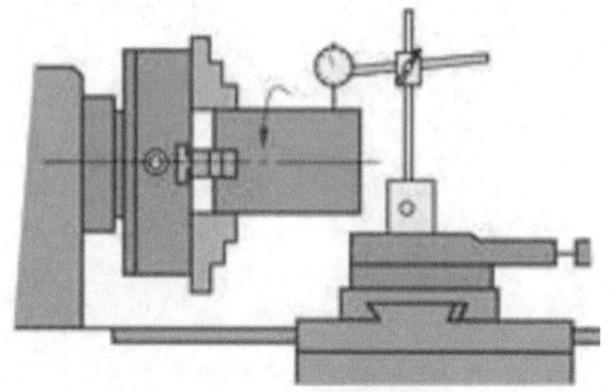

图 2-2-11　百分表校正工件原理图

在装夹校正过程中需要注意的事项如下。

（1）在装夹工件时，要注意对零件进行预紧后再转动车床。同时车床的转速不可过高，以防零件因夹紧力过小而飞出。

（2）在进行校正时，零件装夹是一个逐步加紧的过程，同时要注意对卡盘多个夹紧口进行装夹，以便均匀分布夹紧力，保证最终的装夹合格。

（3）在校正较大工件时，要注意保护导轨，以防零件跌落对车床设备造成伤害。

（4）校正工件是一项耐心细致的工作，需要认真对待且注意安全操作，切不可马虎大意。

三、游标卡尺的使用

1. 游标卡尺的介绍

游标卡尺是一种常用的量具，具有结构简单、使用方便、精度中等和测量尺寸范围大等特点，可以用它来测量零件的外径、内径、长度、宽度、厚度、深度和孔距等，应用范围很广。游标卡尺有普通游标卡尺、带表游标卡尺、数显游标卡尺等。学会了普通游标卡尺的读数方法，其他游标类的量具，比如高度游标卡尺、游标万能角度尺等的读数方法自然也就掌握了。常见的游标类量具如图2-2-12所示。

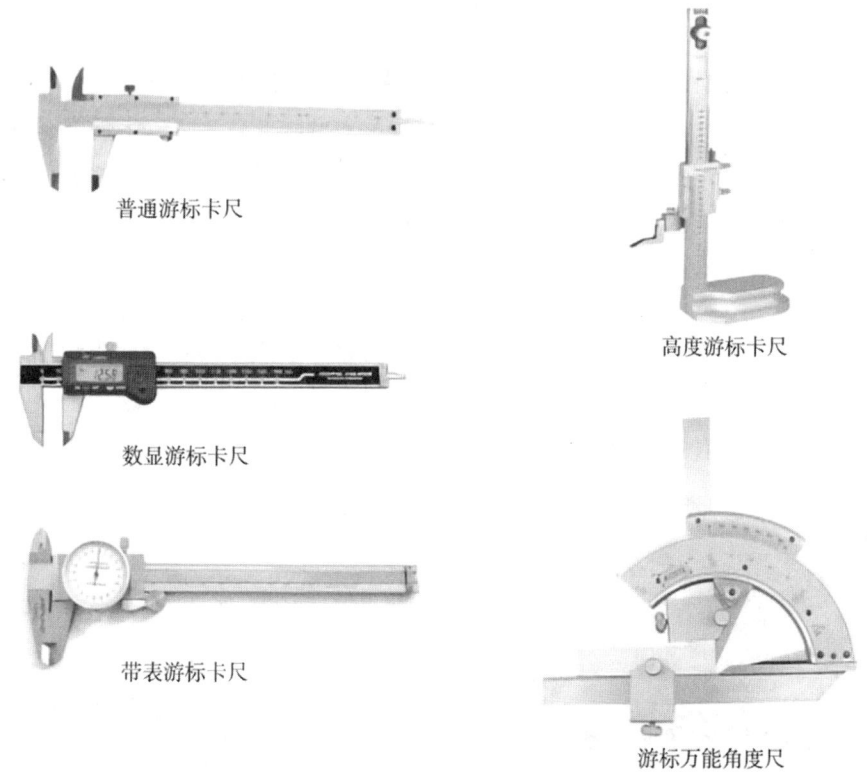

图 2-2-12　常见的游标类量具

2. 普通游标卡尺的结构

普通游标卡尺的结构如图2-2-13所示，主要由主尺、游标尺（又称副尺）、紧固螺钉、量爪和深度尺等组成。主尺与固定量爪制成一体，游标尺与活动量爪制成一体，且能在主尺上滑动。

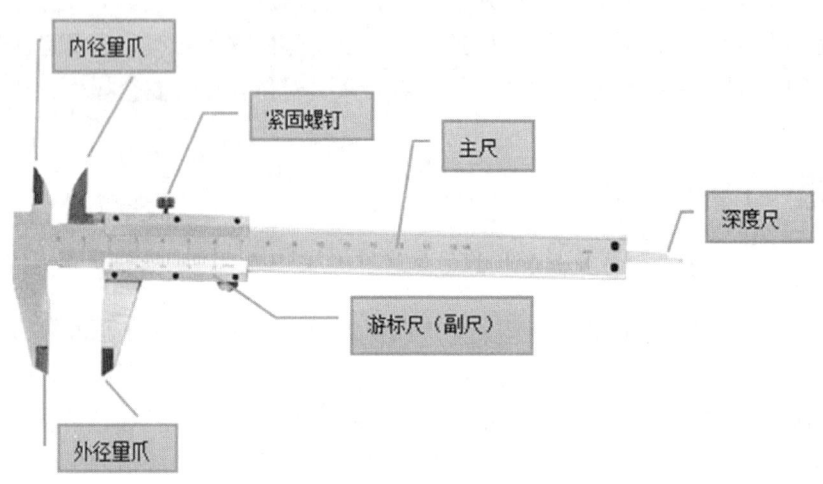

图 2-2-13　普通游标卡尺的结构

3. 读数方法

游标卡尺的测量是利用主尺刻度间距与游标尺刻度间距读数的，如图2-2-14所示。以精度为0.02mm游标卡尺为例，主尺的刻度间距为1mm，当量爪合并时，主尺上49mm刚好等于游标尺上50格，所以游标尺每格长为49÷50＝0.98mm。主尺与游标尺的刻度间距相差为1－0.98＝0.02mm，因此它的测量精度为0.02mm（也叫分度值为0.02mm）。

游标卡尺读数分为以下三个步骤，如图2-2-15所示。

第一步：在主尺上读出游标零线以左的刻度，其就是测量结果的整数部分。

第二步：找到游标尺上与主尺对齐的刻度线，数出对齐的刻度线与零线之间的总格数，再乘以分度值0.02mm，其就是测量结果的小数部分。

第三步：两个结果相加即为测量尺寸。

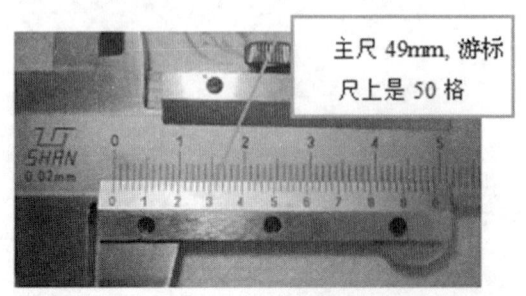

图 2-2-14　测量原理

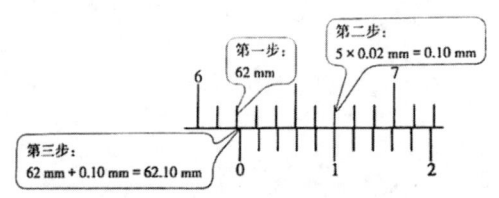

图 2-2-15　游标卡尺读数

4. 注意事项

① 测量前应把卡尺擦拭干净，并检查卡尺的两个测量面和测量刃口是否平直无损。两只量爪紧密贴合时，应无明显的间隙，同时游标尺和主尺的零位刻线要相互对准。这个过程称为校对游标卡尺的零位。

② 在测量零件时，不允许过分施加压力，以免卡尺弯曲或磨损。

③ 在读数时，视线尽可能和卡尺的刻线表面垂直，以免造成读数误差。

四、外径千分尺的使用

1. 外径千分尺的介绍

千分尺又称螺旋测微器，它的种类很多，根据测量部位的不同分为外径千分尺、内径千分尺、深度千分尺等，如图2-2-16所示。它们的基本原理都是一样的，本书以外径千分尺为例进行说明，学会了外径千分尺，其他类别的千分尺也就掌握了。

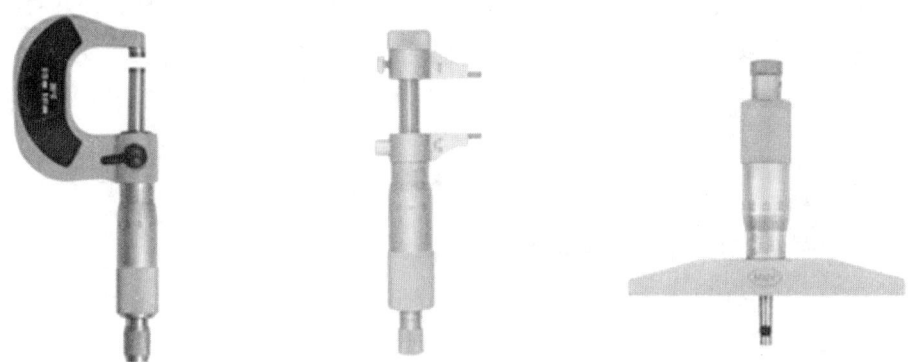

图 2-2-16　常见千分尺的类型

2. 外径千分尺的结构

外径千分尺由尺架、测砧、测微螺杆、锁紧螺钉、微分筒、固定套筒、测力旋钮、隔热板等组成，如图2-2-17所示。

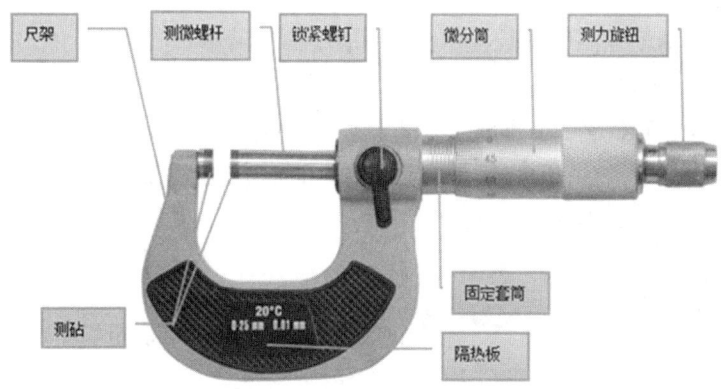

图 2-2-17　外径千分尺的结构图

3. 读数方法

根据螺旋运动原理，当微分筒旋转1周时，测微螺杆前进或后退一个螺距0.5mm。这样，当微分筒旋转一个分度后，它转过了1/50周，这时螺杆沿轴线移动（1/50）×0.5mm=0.01mm。因此，使用千分尺可以准确读出0.01mm的数，0.01mm就是千分尺的分度值。

千分尺读数分为三个步骤，如图2-2-18所示。

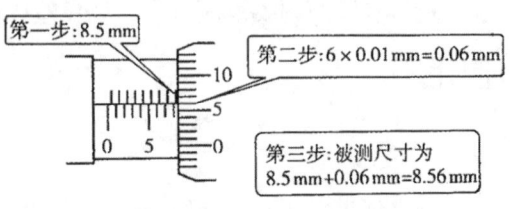

图2-2-18　千分尺图示

第一步：读出固定套筒上的刻度线所显示的最大数值。

第二步：在微分筒上找到与固定套筒中线对齐的刻度线，数出对齐的刻度线与零线之间的总格数，再乘以分度值0.01mm。当微分筒上没有任何一根刻度线与固定套筒中线对齐时，可估读到小数点第三位。

第三步：两个结果相加即为测量尺寸。

4. 注意事项

① 测量前必须将千分尺砧面擦拭干净，校准零线。

② 千分尺是一种精密量具，使用时应轻拿轻放。当转动旋钮使测微螺杆靠近待测物时，一定要改用测力旋钮。

③ 手应当握尺架上的隔热装置。

④ 长期不使用时，可抹黄油并置盒内。

五、百分表的使用

1. 百分表的介绍

百分表是一种精度较高的比较类量具，如图2-2-19所示。其精度为0.01mm，需要固定在百分表架上使用。它只能测出相对数值，不能测出绝对值，主要用于检测零件的形状和位置误差（如圆度、平面度、垂直度、跳动等），也可用于校正零件的安装位置以及测量零件的内径等。学会百分表的使用方法之后，其他原理类似的量具，如千分表、杠杆百分表等的使用自然也就可以掌握了。

2. 百分表的结构

百分表由测头、测杆、装夹套、刻度盘、指针等组成，其结构如图2-2-20所示。

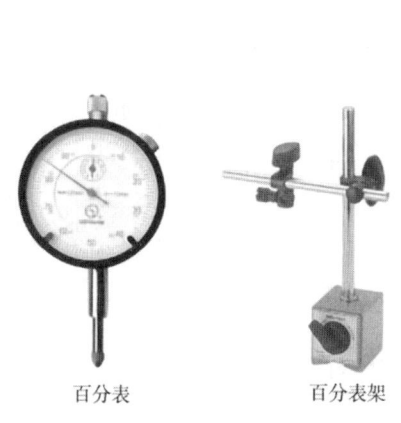
图 2-2-19 百分表及表座

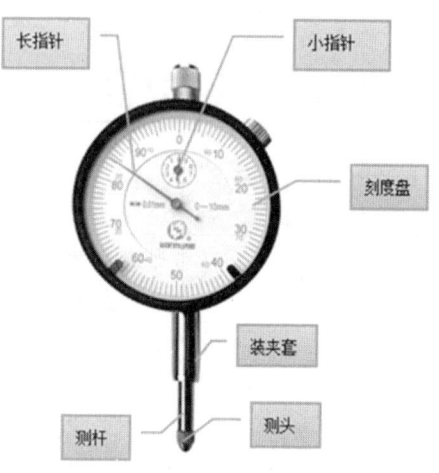
图 2-2-20 百分表的结构图

3. 读数方法

百分表的工作原理是将被测尺寸引起的测杆微小直线位移，经过齿轮传动放大，变为指针在刻度盘上的转动，从而读出被测尺寸的大小。百分表是利用齿条齿轮或杠杆齿轮传动，将测杆的直线位移变为指针角位移的计量器具。

百分表的读数方法：先读小指针转过的刻度线（即mm整数），再读长指针转过的刻度线（即小数部分），并乘以0.01，然后两者相加，即得到所测量的数值。

4. 注意事项

① 使用前需检查测杆的灵活性，测杆在套筒内的移动要灵活。
② 测量时不能超过测杆的量程。
③ 测量时，注意不要使表头突然撞到工件上，以免撞弯测杆。
④ 待测量的工件表面不能是毛坯面，以免划伤测头。

任务练一练

（1）认识每种车刀，并会进行刀片的更换。
（2）能够使用三爪卡盘进行工件的装夹。
（3）能够进行外圆车刀的安装。
（4）能够正确对游标卡尺、千分尺进行读数。
（5）能够正确进行百分表及表座的安装。

收获评一评

评价项目	配分	评价内容	综合评价			最终得分
			自评	互评	教师评价	
职业素养	30	迟到（5分）				
		早退（5分）				
		串岗（5分）				
		6S管理（5分）				
		认真完成任务（10分）				
专业能力（数控车床的应用能力）	70	数控车床刀具的认识（10分）				
		外圆车刀的安装（10分）				
		卡盘基本结构及维护（20分）				
		游标卡尺的读数（10分）				
		外径千分尺的读数（10分）				
		百分表的使用（10分）				
学习心得						
教师评语						最终成绩

能力拓一拓

（1）车刀角度有哪些？分别影响加工中的哪些方面？

（2）怎样使用百分表工件对装夹进行校正？

（3）车刀刀片的分类及选择有哪些？

项目三 口罩机传送辊子——光轴类零件的编程与加工

【项目说明】

作为典型自动化设备，口罩机中使用了大量的辊子轴。某公司接到如图3-1所示口罩机传送辊子的订单，需要生产200根，请按照要求安排生产过程。

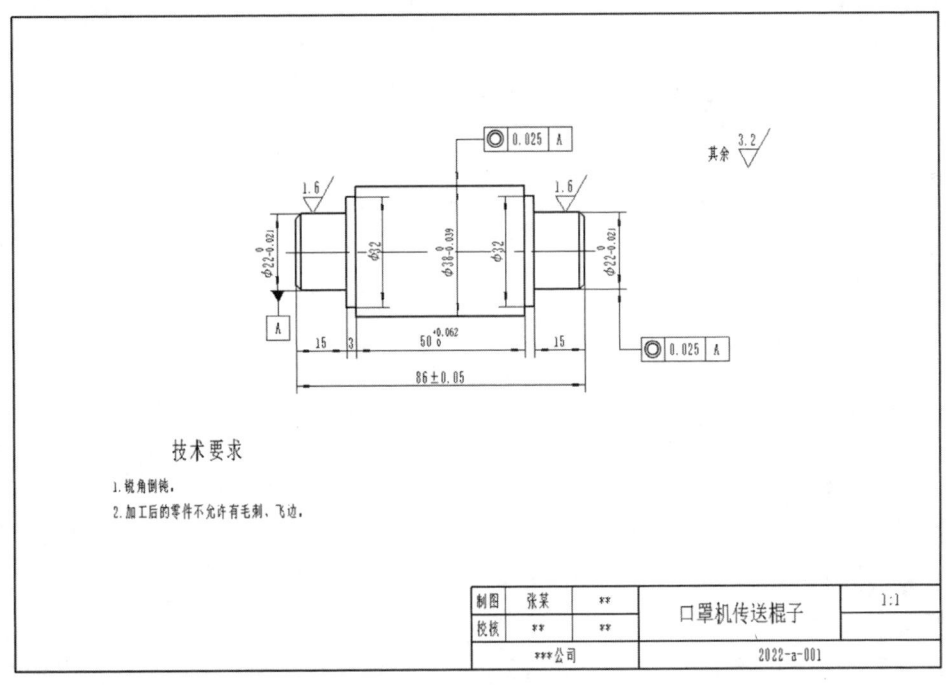

图 3-1 口罩机传送辊子图纸

该项目将分为以下5个子任务并逐步进行。

任务 1 数控车床的编程准备

任务导一导

【任务说明】

收到订单后，公司生产部门将组织工艺员进行加工程序的编制，作为加工工艺员，需要根据所用数控车床的操作系统，利用常用数控车床指令，进行初步的零件图纸分析，规划出加工路径中的节点,并计算出相应的节点坐标。

★学习目标

1. 知识目标

(1)掌握数控车床加工程序的组成。
(2)掌握常用功能指令及其应用。
(3)熟悉常用辅助功能指令、刀具功能指令及其应用。
(4)能够规划数控车床的精加工路径,并计算出相应的节点坐标。

2. 技能目标

(1)能够规划数控车床的加工路径。
(2)能够熟练计算出各类型节点坐标。
(3)能够合理应用辅助、刀具功能指令。

3. 思政目标

(1)培养学生做事认真的态度。
(2)培养学生的探索求知能力。
(3)培养学生的团结协作精神。

知识学一学

一、数控车床加工程序组成

```
例如:O2000                   程序号
N01 G90 G18 G00 X85 Z5;
N02 S400 M03 M08;
N03 G01 Z-10 F0.3;
N04 X90;                     程序内容
N05 Z-35;
N06 X100;
N07 Z-80 X110
M05 M09
N08 G00 X120 Z50
G90 M05 M09
N09 M30                      程序结束
```

二、辅助功能指令的 M 代码

代码	功能
M00	程序暂停
M01	任选停止
M02	程序结束
M03	主轴正转
M04	主轴反转
M05	主轴停止
M08	切削液开
M09	切削液关
M30	程序结束
M98	调用子程序
M99	子程序结束

（1）主轴最高转速限制（G50）。

指令格式：G50 S_

（2）恒线速度控制（G96）。

指令格式：G96 S_

（3）恒转速控制（G97）。

指令格式：G97 S_

设定恒线速度可以使工件各表面获得一致的表面粗糙度。因为在线速度一定的情况下，半径小的工件角速度大，反之角速度小。所以使用G96指令主轴必须能自动变速（如伺服主轴、变频主轴），并且需要配合设置最高转速。

三、进给功能设定 F（该指令需要配合进给方式使用）

（1）每分钟进给量（mm/min）（G98）。

指令格式：G98 F_

（2）每转进给量（mm/r）（G99）。

指令格式：G99 F_

F指令为模态指令，在运行过程中一直保持前一次进给值，直到被新的F值所取代，进给功能设定F如图3-1-1所示。而工作在G00方式下，快速定位的速度是各轴的最高速度，与当前F值无关。在加工过程中，还可以借助于车床控制面板上的倍率旋钮进行一定范围内的修调。当执行螺纹切削指令G32、G92、G76时，倍率旋钮无效，进给倍率固定在100%。

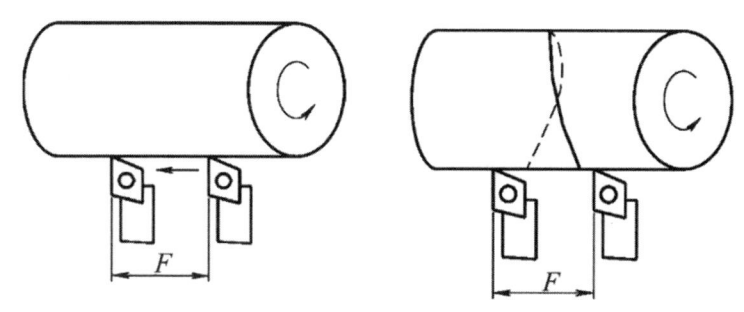

图 3-1-1　进给功能设定 F

四、刀具功能指令的 T 代码

对于数控车床，常用T后面的四位数字来代表刀具功能指令，前两位是刀具号，后两位既是刀具长度补偿号，又是刀尖圆弧半径补偿号。

例：T0202 表示选用2号刀及2号刀具长度补偿值和刀尖圆弧半径补偿值。

　　　T0200 表示取消刀具补偿。

五、精加工路线的规划

所谓精加工路线，是指所加工零件的轮廓线。精加工路线的轨迹曲率发生变化的点称作节点，即直线与直线、直线与圆弧、直线与其他曲线、半径不同的圆弧的交点，如图3-1-2所示。

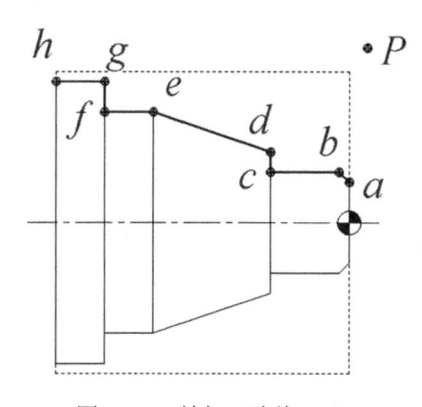

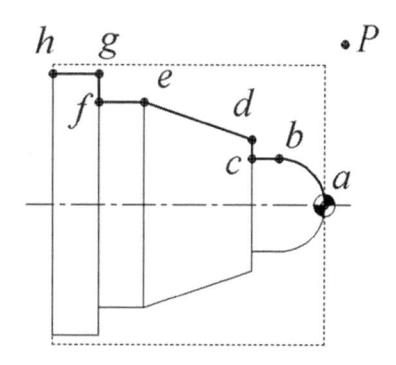

图 3-1-2　精加工路线（a）　　　　　图 3-1-2　精加工路线（b）

六、直径式编程与半径式编程

直径式编程与半径式编程如图3-1-3所示。

直径式编程：数控加工程序中X轴的坐标值为零件图中的直径。

半径式编程：数控加工程序中X轴的坐标值为零件图中的半径。

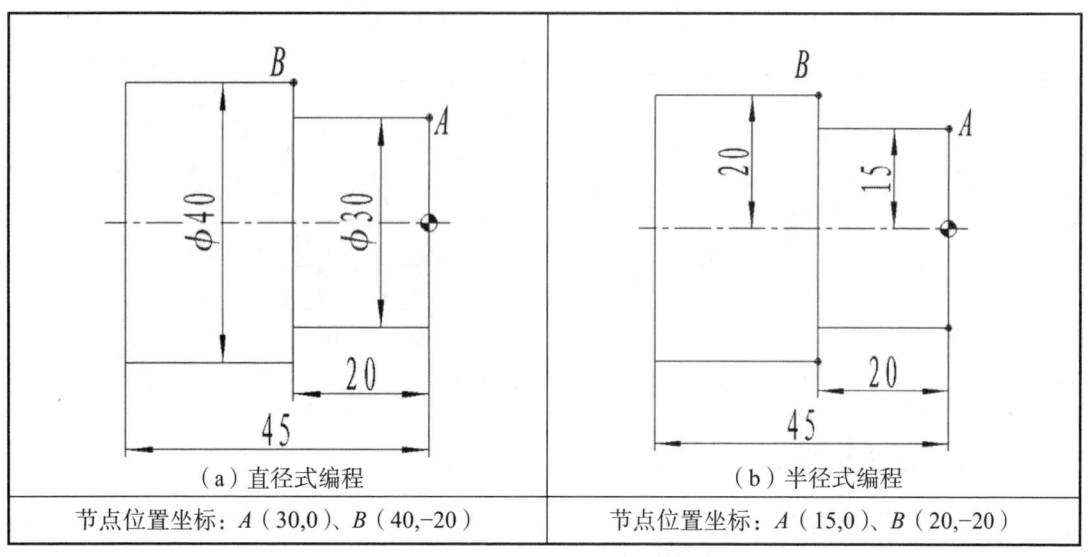

（a）直径式编程
节点位置坐标：A（30,0）、B（40,-20）

（b）半径式编程
节点位置坐标：A（15,0）、B（20,-20）

图3-1-3　直径式编程与半径式编程

注意：在数控车床加工中，由于零件一般多为回转体，考虑编程的便捷性，一般默认采用直径式编程方式。

七、绝对值编程、增量值编程和混合编程

绝对值编程、增量值编程和混合编程如图3-1-4所示。

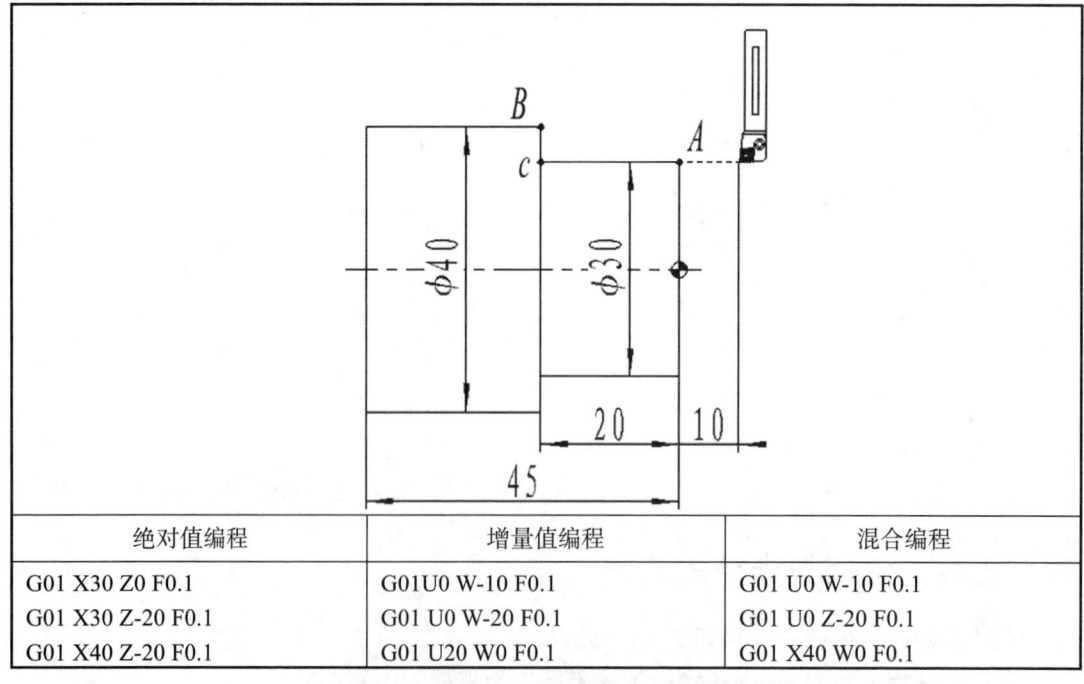

绝对值编程	增量值编程	混合编程
G01 X30 Z0 F0.1	G01U0 W-10 F0.1	G01 U0 W-10 F0.1
G01 X30 Z-20 F0.1	G01 U0 W-20 F0.1	G01 U0 Z-20 F0.1
G01 X40 Z-20 F0.1	G01 U20 W0 F0.1	G01 X40 W0 F0.1

图3-1-4　绝对值编程、增量值编程和混合编程

1. 绝对值编程

绝对值编程是根据预先设定的编程原点计算出绝对值坐标尺寸而进行编程的一种方法。采用绝对值编程时,首先要指出编程原点的位置,并用地址X、Z进行编程(X为直径值)。有的数控系统用G90指令指定绝对值编程。

2. 增量值编程

增量值编程是根据与前一个位置的坐标值增量来表示位置的一种编程方法,即程序中的终点坐标是相对于起点坐标而言的。采用增量值编程时,用地址U、W代替X、Z进行编程。

3. 混合编程

绝对值编程与增量值编程混合起来进行编程的方法称为混合编程。采用此方法进行编程时,也必须先设定编程原点。

示例说明如图3-1-5所示。

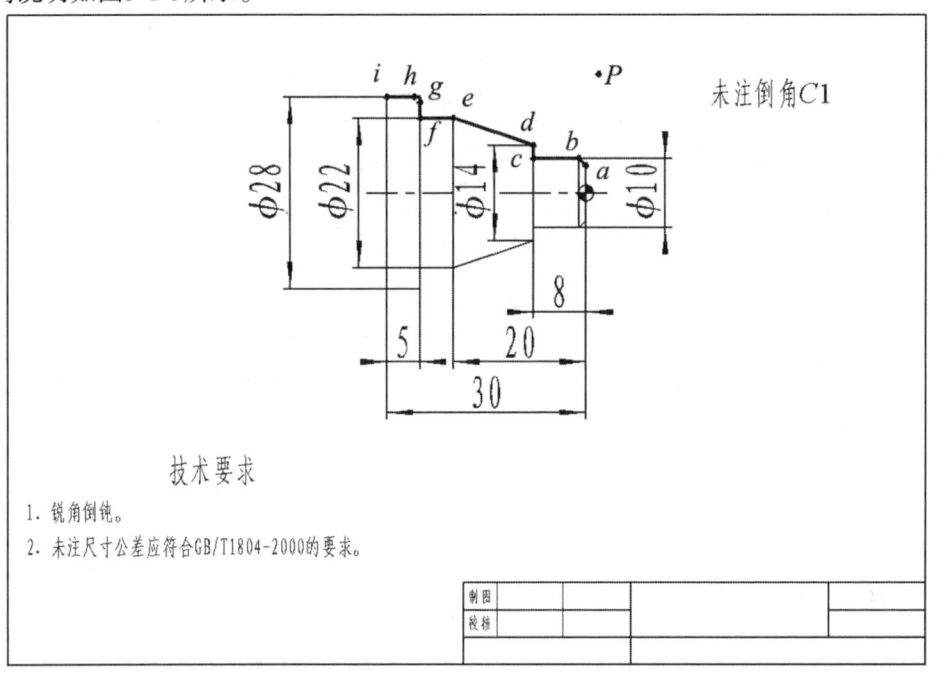

图3-1-5 示例说明

八、坐标点计算举例

所谓锐角倒钝，就是将图纸中所有的尖角过渡的位置进行相应的倒角加工操作，以防止在后续工艺阶段造成锐利划伤或应力破坏。一般在编程过程中添加C0.5倒角。点的绝对坐标和相对坐标如表3-1-1所示。

表3-1-1 点的绝对坐标和相对坐标

点	绝对坐标	相对坐标
P(定位点)	X32,Z2	X32,Z2(首点为绝对坐标)
a	X8,Z0	U-24,W-2
b	X10,Z-1	U2,W-1
c	X10,Z-8	U0,W-7
d	X14,Z-8	U4,W0
e	X22,Z-20	U8,W-12
f	X22,Z-25	U0,W-5
g	X27,Z-25	U5,W0
h	X28,Z-25.5	U1,W-0.5
i	X28,Z-30	U0,W-4.5

任务练一练

（1）请写出下面表格中常用指令的含义。

指令	含义
M03	
M05	
M00	
M30	
T0202	
G98	
G99	
G96	
G97	

（2）请根据下图规划出口罩机传送辊子——光轴的精加工路线，并计算出相应的节点坐标。

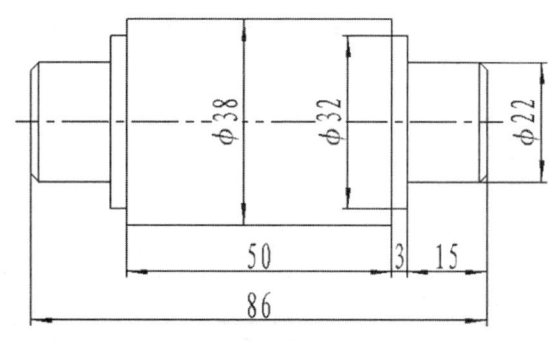

点	绝对坐标	相对坐标
P（定位点）		（首点为绝对坐标）

收获评一评

评价项目	配分	评价内容	综合评价			最终得分
			自评	互评	教师评价	
职业素养	30	迟到（5分）				
		早退（5分）				
		串岗（5分）				
		6S管理（5分）				
		认真完成任务（10分）				
专业能力（软件应用）	70	工件坐标系的确定（10分）				
		精加工路线的规划（10分）				
		定位点的确定（10分）				
		节点的编号（10分）				
		考虑锐角倒钝（10分）				
		节点绝对坐标的计算（10分）				
		节点相对坐标的计算（10分）				
学习心得						
教师评语						最终成绩

能力拓一拓

请按照下图要求，规划出精加工路线，确定节点，并写出相应节点的绝对坐标与相对坐标。

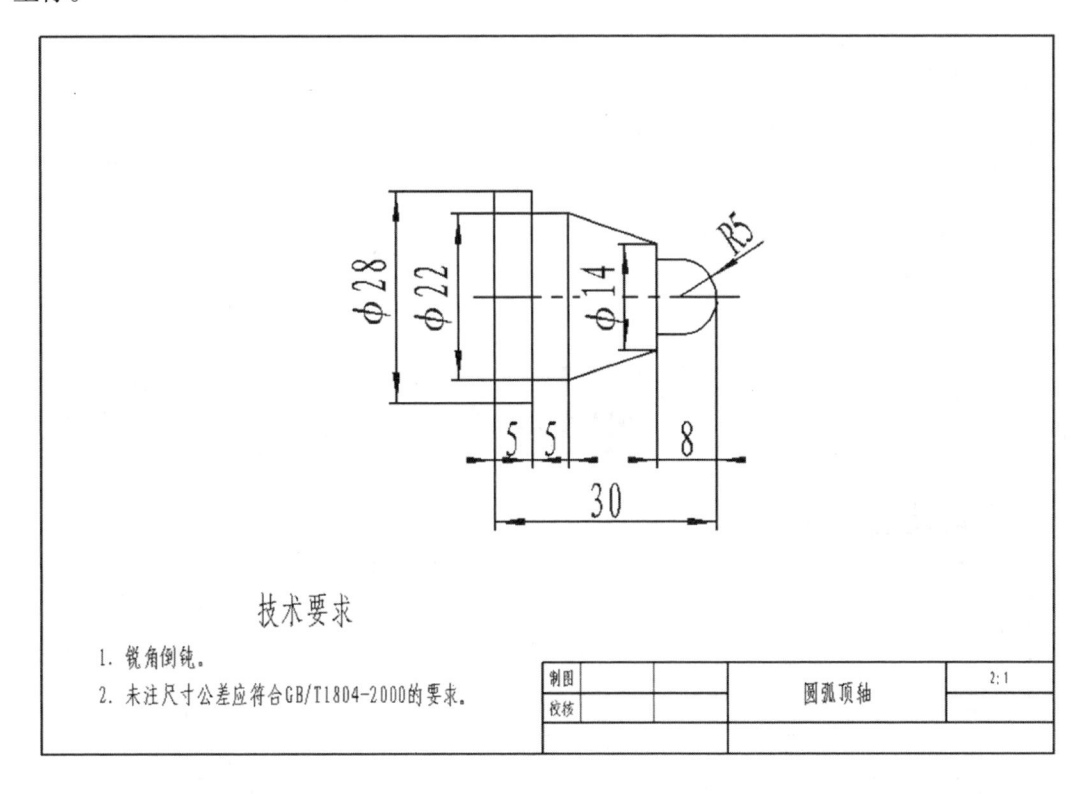

技术要求
1. 锐角倒钝。
2. 未注尺寸公差应符合GB/T1804-2000的要求。

图名：圆弧顶轴　比例：2:1

任务2　口罩机传送辊子——光轴的粗、精加工的编程

任务导一导

【任务说明】

作为编程人员，在熟悉设备的情况下，需要使用编程指令代码对光轴进行粗、精加工程序的编制。

★学习目标

1. 知识目标

（1）熟悉阶梯轴加工工艺的制定方法。

（2）掌握G00、G01指令格式及编写光轴零件精加工程序。

（3）掌握G90指令格式及编写光轴零件粗加工程序。

（4）掌握常用辅助功能指令的用法。

2．技能目标

（1）熟悉数控车床手动程序的输入。

（2）熟悉数控车床的基本操作方法。

（3）掌握U盘程序传输的基本方法。

3．思政目标

（1）培养学生规范化的编程精神。

（2）培养学生的安全文明生产意识。

（3）培养学生积极、认真的学习态度。

知识学一学

一、准备功能指令

指令	组号	功能	指令	组号	功能
★G00	01	快速定位	G70	00	精车加工循环
G01		直线插补运动	G71		横向切削复合循环
G02		顺时针圆弧插补运动	G72		纵向切削复合循环
G03		逆时针圆弧插补运动	G73		仿形加工复合循环
G04	00	程序暂停	G74		端面深孔加工循环
G20	06	选择英制编程	G75		内、外圆切槽循环
★G21		选择公制编程	G76		螺纹复合切削循环
★G27	00	参考点返回检查	G90	01	外径自动切削循环
G28		返回车床参考点	G92		螺纹自动切削循环
G29		由参考点返回	G94		端面自动切削循环
★G40	07	取消刀具半径补偿	G96	02	恒线速度控制
G41		刀具半径左偏补偿	★G97		恒转速控制
G42		刀具半径右偏补偿	G98	05	每分钟进给量/（mm/min）
G50	0	坐标系设定/最高转速限制	★G99		每转进给量/（mm/r）

其中，00组为非模态指令。

同一组的代码不能出现在同一道程序中。

二、模态指令、非模态指令

（1）模态指令在程序段中指定后才有效，直到出现在另一组中或被其他指令取消为止。编程时如果下一段指令相同，则可省略指令。

（2）非模态指令仅在出现的程序段中有效，而在其他程序段中无效。

三、G00——刀具快速定位指令

1. 应用

主要使刀具快速靠近或快速离开工件。

2. 指令格式

```
G00 X(U)_ Z(W)_
```

① G00为模态指令，刀具移动速度由车床系统决定，不需要在程序中设定，实际的移动速度可通过车床面板的快速倍率键进行修调。

② X、Z为刀具运动目标点坐标；U、W为刀具运动目标点相对于运动起点的增量坐标。$X(U)$、$Z(W)$可省略一个或全部。当省略一个时，表示该轴的起点与终点坐标值一致；当同时省略时，则表示终点与起点是同一位置。X与U、Z与W在同一程序段时，X、Z有效，U、W无效。

3. 指令代码轨迹

如图3-2-1所示，当刀具从P点快速定位到A点时，指令代码轨迹：从P点沿45°方向走到D点，然后平行Z轴走到A点。刀具从C点快速定位到P点时，指令代码轨迹：从C点沿45°方向走到E点，然后平行Z轴走到P点。

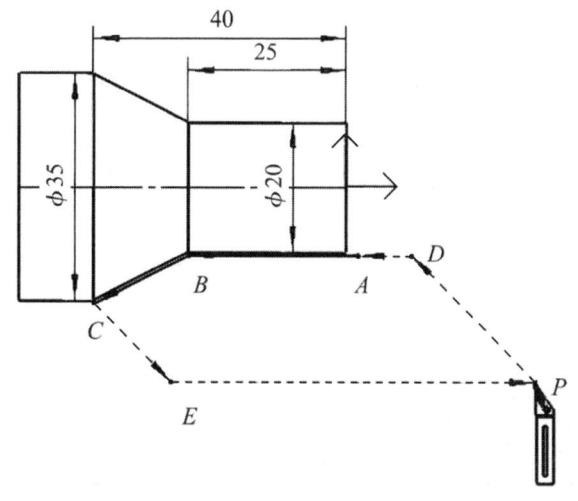

图 3-2-1　G00 指令代码轨迹说明图

4. 注意事项

在车削时，不能把快速定位点选在工件上，应该离开工件表面2~5mm。

四、G01——直线插补指令

1. 应用

用于完成端面、内圆、外圆、槽、倒角、圆锥等表面的加工。

2. 指令格式

```
G01 X(U)_ Z(W)_ F_
```

① G01为模态指令。

② X、Z为刀具运动目标点坐标。

③ U、W为刀具运动目标点相对于运动起点的增量坐标。

④ F为进给速度，F值为模态，进给速度单位有mm/r、mm/min两种；F代码值执行后，此代码值会一直保持，直至新的F代码值被执行。

3. 指令代码轨迹

G01指令代码轨迹说明图如图3-2-2所示。

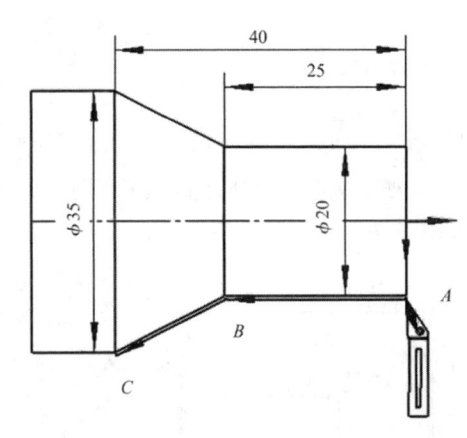

图 3-2-2　G01 指令代码轨迹说明图

4. 编程实例

如图3-2-3所示，零件各表面已完成粗加工，试编制精加工程序。

解：

（1）分析图样，设定工件坐标系，工件原点设在工件右端面，定位点设在工件右前方P点处。

（2）确定工艺路线如图3-2-3所示，刀具从定位点出发，加工结束后再返回P点，工艺路线：P→A→B→C→D→E→F→P。

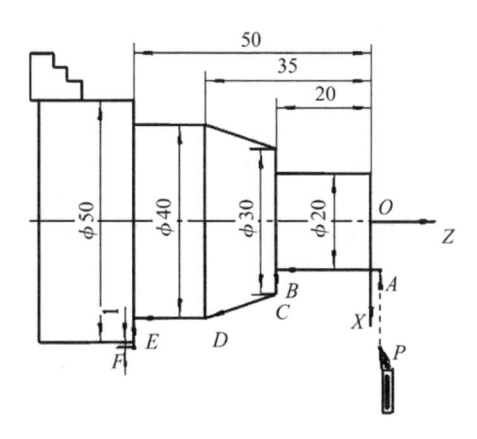

图 3-2-3　G00\G01 编程应用实例图

（3）计算刀尖运动轨迹坐标：$P(52,2)$、$A(20,2)$、$B(20,-20)$、$C(30,-20)$、$D(40,-35)$、$E(40,-50)$、$F(52,-50)$。

程序	程序说明
O0001;	程序名
M03 S800 T0101;	定义每转进给量，主轴正转800r/min，第1号车刀、第1号刀补
G99 G00 X52 Z2;	快速定位至P点
X20;	快速定位至A点
G01 Z-20 F0.1;	车外圆（A→B）
X30;	车平面（B→C）
X40 Z-35;	车锥面（C→D）
Z-50;	车外圆（D→E）
X52;	车平面（E→F）
G00 X200 Z100 M05;	刀具快速退到换刀点，主轴停止
M30;	程序结束

五、G90——轴向切削单一循环指令

1. 应用

从切削点开始，进行径向（X轴）进刀、轴向（Z轴或X轴、Z轴同时）切削，实现柱面或锥面切削循环。

2. 代码格式

```
G90 X(U)_ Z(W)_ F_      （圆柱切削）
G90 X(U)_ Z(W)_ R_ F_   （圆锥切削）
```

其中：G90为模态指令。
① X、Z为切削终点的绝对坐标。
② U、W为切削终点相对于切削起点的增量坐标。
③ R为切削起点与切削终点X轴绝对坐标的差值（半径值）。
④ R=（切削起点的X值－切削终点的X值）/2，R值的正、负号表示锥度的方向。当R=0时，　　进行圆柱切削；否则，进行圆锥切削。

3. 指令代码轨迹

G90指令代码轨迹图如图3-2-4所示。

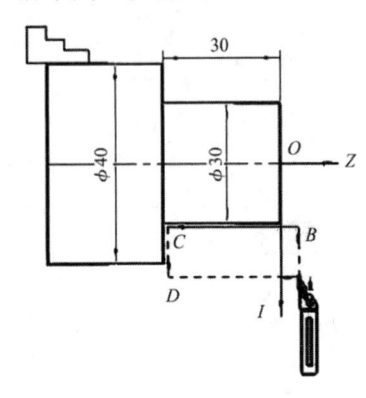

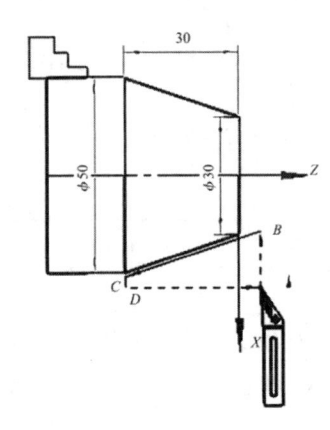

（a）圆柱切削　　　　　　　　　　　（b）圆锥切削

图 3-2-4　G90 指令代码轨迹图

4. 编程实例

G90指令编程轨迹图如图3-2-5所示。

① 试用G90指令编制图3-2-5（a）所示工件的加工程序。

解：程序编写如下：

```
O0004;
G99 G00 X200 Z100;        程序名设定进给速度单位为mm/r，让刀具退到安全位置
M03 S600 T0101;           主轴正转，转速600r/min，调用第1号车刀、第1号刀补
G00 X52 Z2;               快速定位
G90 X46 Z-30 F0.15;       循环加工1，切削深度2mm
X42;                      循环加工2，切削深度2mm
X38;                      循环加工3，切削深度2mm
X34;                      循环加工4，切削深度2mm
X30;                      循环加工5，切削深度2mm
G00 X200 Z100 M05;        主轴停转，刀具回到安全位置
M30;                      程序结束
```

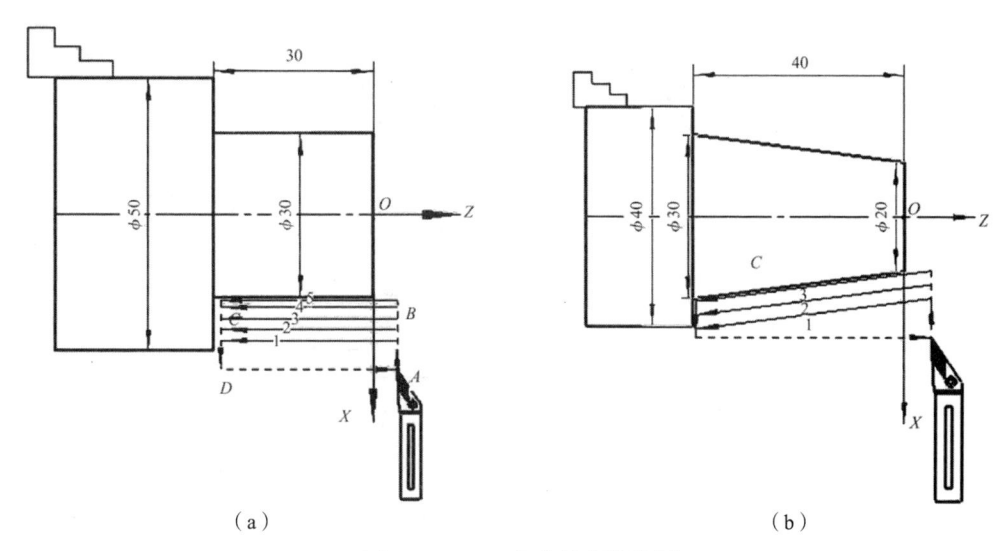

图 3-2-5　G90 指令编程轨迹图

② 试用G90指令编制图3-2-5（b）所示圆锥轮廓的加工程序。

解：因为刀具从循环起点开始沿径向快速移动，然后按F指定的进给速度沿锥面运动，到达锥面另一端后沿径向以进给速度退出，最后快速返回循环起点。X、Z为圆锥面切削终点坐标值，其加工顺序按1、2、3进行。R为锥体大小端的半径差，由于刀具沿径向是快速移动的，为避免碰刀，刀具在Z方向距离工件端面应有一定的距离。所以在计算R值时，应该按延伸后的值进行计算。如图3-2-5（b）所示，R值应为－5.5，而不是－5。R=（X起点－X终点）/2。程序编写如下：

```
O0005;                          程序名
M03 S500 T0101;                 主轴正转，转速为500r/min，调用第1号车刀、第1号刀补
G99 G00 X42 Z2;                 每转进给，快速定位
G90 X40 Z-40 R-5.5 F0.2;        循环加工1，切削深度2.5mm，以0.2mm/r进给
X35;                            切削循环2，切削深度2.5mm
X30;                            切削循环3，切削深度2.5mm
G00 X200 Z100 M05;              快速退刀，主轴停转
M30;                            程序结束
```

任务练一练

按照图纸要求，编写口罩机传送辊子——粗、精加工程序。

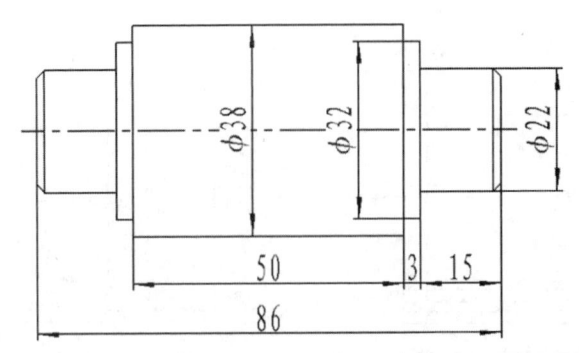

粗加工程序	程序必要说明

精加工程序	程序必要说明

收获评一评

评价项目	配分	评价内容	综合评价			最终得分
			自评	互评	教师评价	
职业素养	30	迟到（5分）				
		早退（5分）				
		串岗（5分）				
		6S管理（5分）				
		认真完成任务（10分）				
专业能力（编程指令应用）	70	程序的基本结构（10分）				
		定位点的确定（10分）				
		粗加工程序（20分）				
		精加工程序（20分）				
		切削用量（10分）				
学习心得						
教师评语						最终成绩

能力拓一拓

按照图纸要求，编写圆弧顶轴零件的粗、精加工程序。

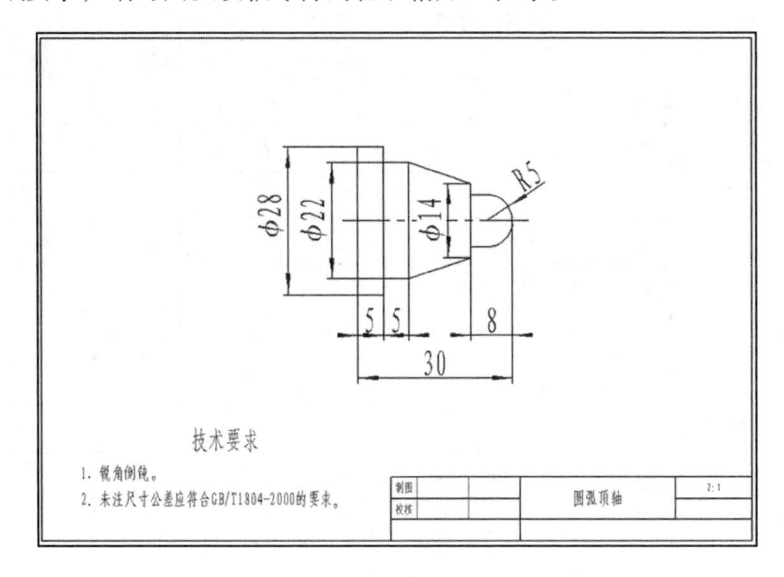

任务3 斯沃数控仿真软件的应用

任务导一导

【任务说明】

作为编程人员，在编制好口罩机传送辊子（光轴）零件的加工程序后，需要对自己的程序进行模拟加工验证，以发现编制程序中的错误，避免因程序错误而造成设备或操作者的安全事故，或出现零件不合格的情况。该环节是使用程序进行加工前非常重要的一个步骤。

★学习目标

1. 知识目标

（1）熟悉斯沃数控仿真软件的基本界面和功能。
（2）掌握斯沃数控仿真软件的基本操作。
（3）熟悉斯沃数控仿真软件模拟加工的操作步骤。
（4）熟悉斯沃数控仿真软件的测量方法。

2. 技能目标

（1）掌握斯沃数控仿真软件的安装方法。

（2）熟悉斯沃数控仿真验证程序的基本步骤。

（3）能够通过斯沃数控仿真软件进行加工程序的验证。

3. 思政目标

（1）培养学生认真细致的工作态度。

（2）培养学生的规范化意识。

（3）培养学生的团结协作精神。

知识学一学

一、斯沃数控仿真软件的介绍

斯沃数控仿真软件英文名为Swansoft CNC Simulation。它是由南京斯沃软件技术有限公司推出的一款电脑数控仿真软件，该软件目前可以支持FANUC、SINUMERIK、MITSUBISHI、PA8000、FAGOR、HEIDENHAIH和华中数控、广州数控等国内外各大数控机公司旗下的大部分数控机型。同时还为用户提供了逼真的控制面板以及专业的编程功能，旨在完美模拟真实的数控操作，让学生或新手既快速掌握实际操作技巧又无需在设备上冒险，大大减少了昂贵的设备投入和因错误操作等带来的严重后果。

二、斯沃数控仿真软件界面的介绍

（1）安装完成后，双击 图标打开软件。

（2）按照图3-3-1所示选择相应的数控系统后（这里选择"广州数控GSK980TDb"系统），单击"运行"按钮，进入相应的软件操作界面。

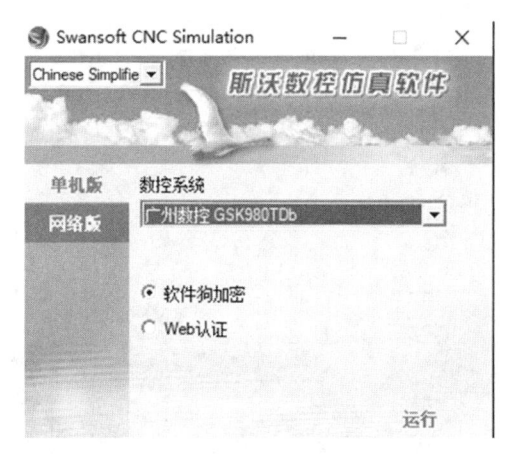

图3-3-1　斯沃数控仿真软件的选择

（3）软件的操作界面如图3-3-2所示。

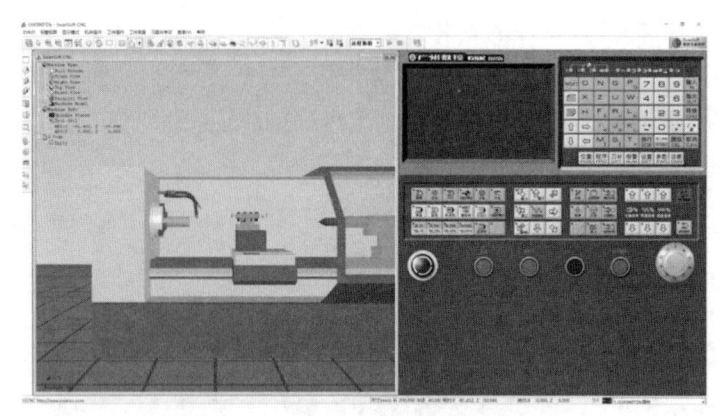

图 3-3-2　斯沃数控仿真软件的操作界面

三、斯沃数控仿真软件模拟加工

软件模拟加工的基本操作步骤如下。

（1）设备开机。将系统通电，松开急停开关如图3-3-3所示；选择相应的加工参数、刀架类型，如图3-3-4所示。

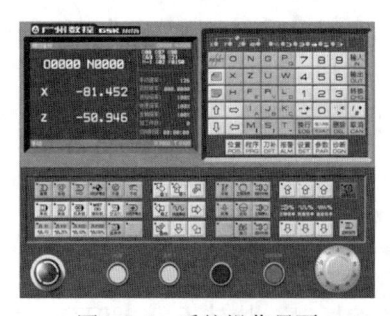

图 3-3-3　系统操作界面　　　　图 3-3-4　参数设置

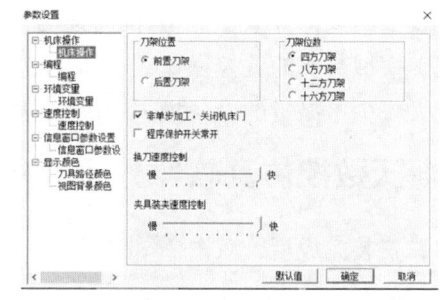

（2）装载加工程序，如图3-3-5所示。

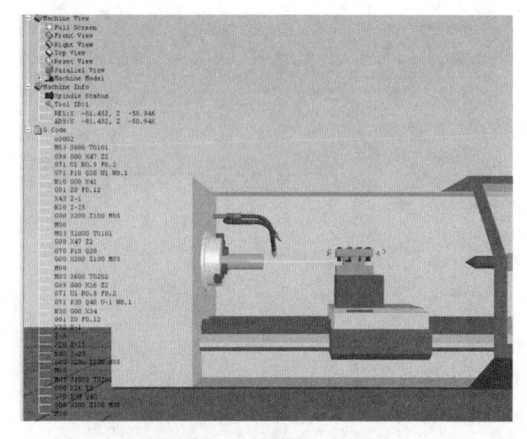

图 3-3-5　装载加工程序

（3）设置毛坯，如图3-3-6所示。

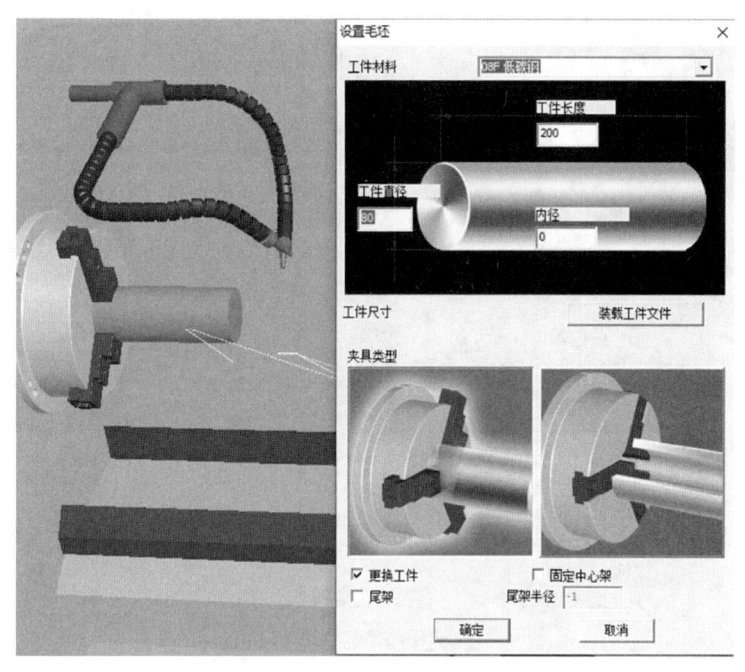

图 3-3-6　设置毛坯

（4）安装刀具，如图3-3-7所示。

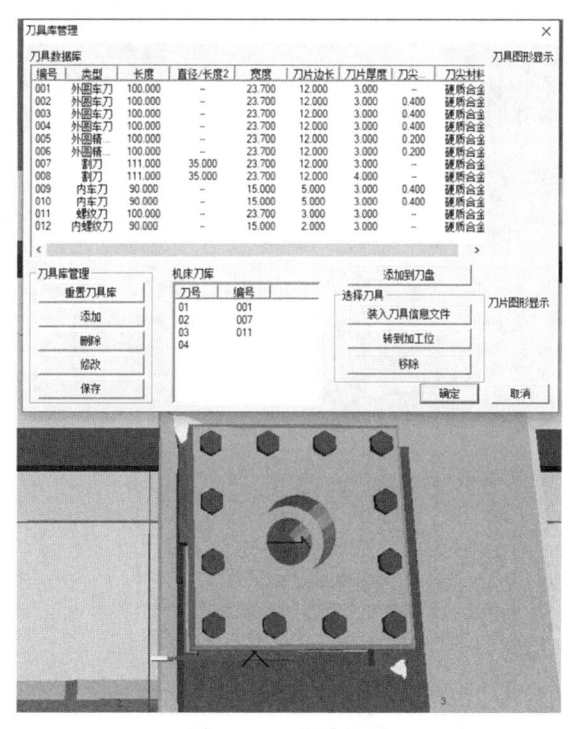

图 3-3-7　安装刀具

(5)快速对刀,如图3-3-8所示。

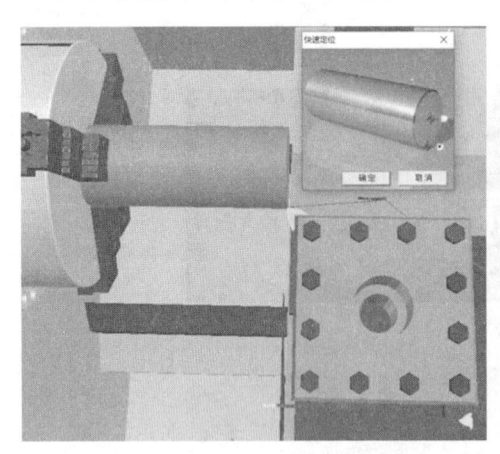

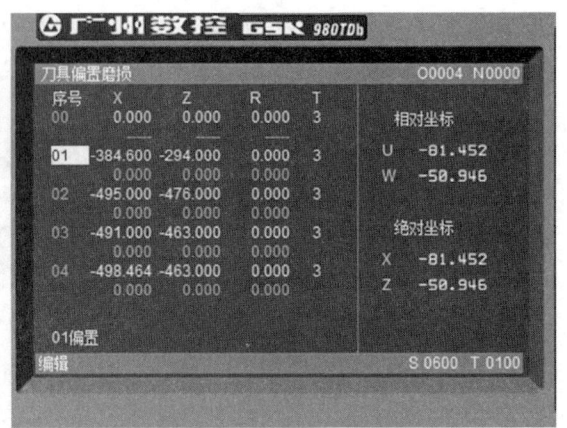

图3-3-8 刀具快速定位及刀补输入界面

(6)选择快捷菜单中的"工件调头"——调头装夹及加工,如图3-3-9所示。

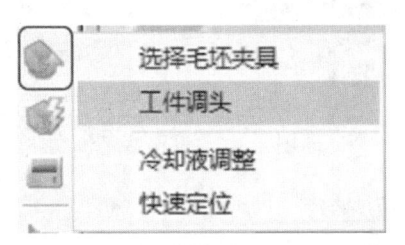

图3-3-9 选择"工件调头"选项

四、仿真软件模拟测量

软件模拟测量的基本操作步骤如下。

(1)选择菜单栏中的"工件测量"中的"特征线"命令,如图3-3-10所示。

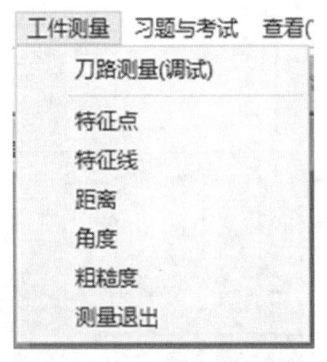

图3-3-10 工件测量的选择

(2)单击已加工工件中相应的特征线,即可得到相应的尺寸参数,如图3-3-11所示。

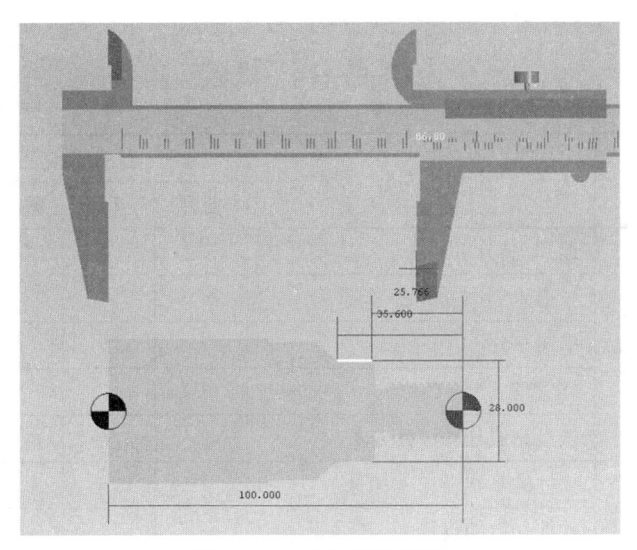

图 3-3-11 加工零件测量

任务练一练

（1）请完成口罩机传送辊子的模拟加工。

（2）请完成口罩机传送辊子模拟加工后的零件测量。

（3）根据测量结果进行加工程序的调整。

收获评一评

评价项目	配分	评价内容	综合评价			最终得分
			自评	互评	教师评价	
职业素养	30	迟到（5分）				
		早退（5分）				
		串岗（5分）				
		6S管理（5分）				
		认真完成任务（10分）				
专业能力（斯沃数控仿真软件的应用）	70	软件的基本操作（10分）				
		软件参数的设置（10分）				
		刀具安装及对刀操作（10分）				
		工件毛坯的选择（10分）				
		程序调入及加工操作（10分）				
		调头装夹及加工（10分）				
		模拟测量及程序调整（10分）				
学习心得						
教师评语						最终成绩

能力拓一拓

按照图纸要求，完成如下零件的编程及模拟加工。

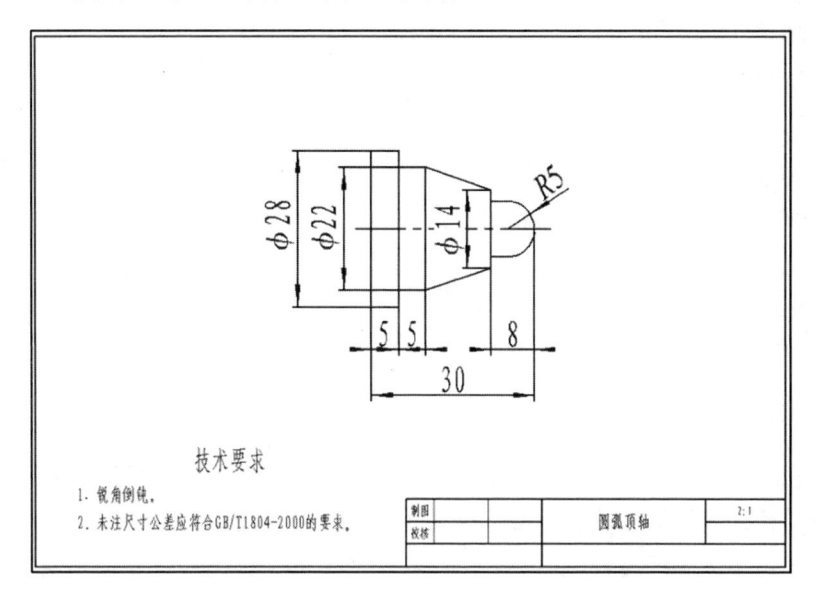

技术要求
1. 锐角倒钝。
2. 未注尺寸公差应符合GB/T1804-2000的要求。

圆弧顶轴　2:1

任务4　口罩机传送辊子——光轴的加工

任务导一导

【任务说明】

作为数控车床的操作工，在收到工艺部门下达的生产任务后，需要规范地操作数控车床，并使用编制好的加工程序和规定的刀具进行生产，最后使用相应量具对生产的产品进行质量检测，以保证产品质量。

★学习目标

1. 知识目标

（1）掌握数控车床的安全操作规范。
（2）熟悉外圆车刀的对刀方法。
（3）熟悉车床使用后的基本维护内容。
（4）了解常见外圆加工的缺陷及其解决办法。

2. 技能目标

（1）能够熟练地安装外圆刀具并进行对刀操作。

（2）能够正确使用量具测量工件尺寸。

（3）熟悉数控车床的加工操作。

3. 思政目标

（1）培养学生的安全文明生产意识。

（2）培养学生的探索求知能力。

（3）培养学生精益求精的工作作风。

知识学一学

一、安全操作规范

（1）工作时穿好工作服、安全鞋，戴好工作帽及防护镜。注意，不允许戴手套操作车床。

（2）不要移动或损坏安装在车床上的警告标牌。

（3）不要在车床周围放置障碍物，工作空间应足够大，不允许在床头箱上放置物品。

（4）某一项工作如需要两人或多人共同完成时，应注意相互间的协调一致，但不允许多人同时操作同一台车床。

（5）不允许用压缩空气清洗车床、电气柜及NC单元。

二、数控车床的对刀操作

所谓对刀，就是通过刀具或对刀工具确定工件坐标系与车床坐标系之间的空间位置关系，并将对刀数据输入到相应的存储位置。它是数控加工中最重要的操作内容，其准确性将直接影响零件的加工精度。

数控车床加工中的对刀操作分为X轴对刀和Z轴对刀。图3-4-1所示为外圆车刀的试切对刀方法。

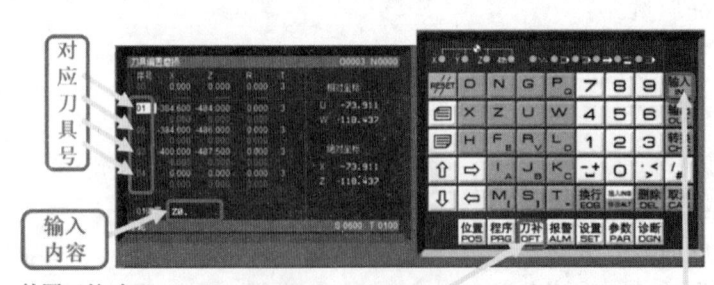

外圆刀的对刀：

Z轴：手轮平端面——反向退出——按"刀补"——找对应刀号——Z0.+"输入"按钮

X轴：手轮车外圆——反向退出——按"刀补"——找对应刀号——X测量值+"输入"按钮

图3-4-1 外圆车刀的试切对刀方法

① Z轴对刀时，端面车削厚度不要超过0.5mm，正向手轮（倍率10%）均匀切入。端面平完后反向退出，退出过程中不能改变Z轴坐标，退出后输入"Z0."

② X轴对刀时，外圆车削厚度不要超过1mm，正向手轮（倍率10%）均匀切入5mm左右，并反向退出，退出过程中不能改变X轴坐标。退出后测量毛坯直径，并在相应刀补中输入"X测量值"。

三、对刀检查

选择MDI模式—"程序"—T0101（需要检查的刀具号+刀补号）+"输入"—"运行"—"位置"—找到绝对坐标页面—手轮靠近工件—预估刀具位置是否正确，如图3-4-2所示。

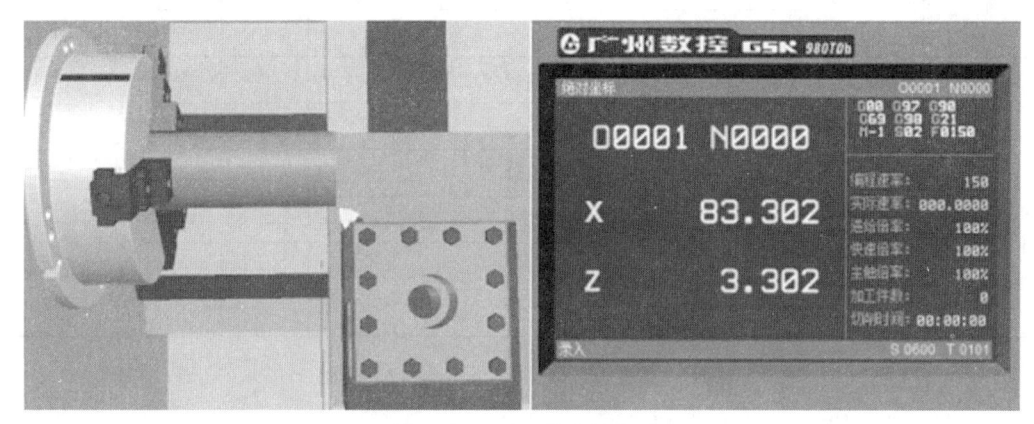

图3-4-2　对刀检查的方法

四、数控车床的自动加工操作

先将刀具移动到安全位置—选择加工程序—按"复位"键使光标回到程序开始段—按下"自动"键—按下"单段"键—调节快速倍率为"10%"—按"运行"键（车床开始运动时手放在"复位"或"急停"键附近，防止对错刀或撞刀）—当刀具定位好时，调整切削液，取消"单段"，提高快速倍率为"50%"，按"运行"键开始加工。

任务练一练

（1）数控车床外圆车刀的安装及对刀。
（2）根据图纸，完成口罩机传送辊子零件的加工。
（3）完成口罩机传送辊子的质量检测。

收获评一评

评价项目	配分	评价内容	综合评价			最终得分
			自评	互评	教师评价	
职业素养	30	迟到（5分）				
		早退（5分）				
		串岗（5分）				
		6S管理（5分）				
		认真完成任务（10分）				
专业能力（数控车床的应用能力）	70	数控车床的基本操作（10分）				
		外圆车刀的安装（10分）				
		外圆车刀的对刀操作（20分）				
		自动加工操作（10分）				
		零件质量测量（10分）				
		加工质量分析（10分）				
学习心得						
教师评语						最终成绩

能力拓一拓

完成下图零件的模拟加工。

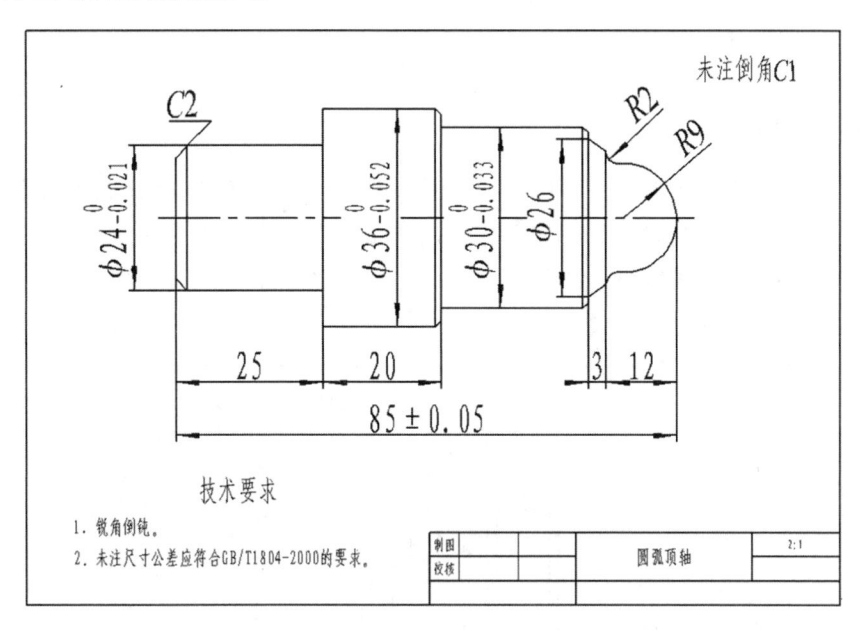

技术要求
1. 锐角倒钝。
2. 未注尺寸公差应符合GB/T1804-2000的要求。

圆弧顶轴　2:1

项目四　新能源汽车羊角轴——螺纹轴类零件的编程与加工

【项目说明】

羊角是汽车转向桥中的重要零件之一，能够使汽车稳定行驶并灵敏传递行驶方向。在汽车行驶状态下，它承受着多变的冲击载荷，因此，要求其具有很高的强度。某公司接到某新能源汽车半角轴（螺纹轴）生产厂商的订单，产品如图4-1所示，需要生产该产品200件，请按照加工要求安排生产过程。

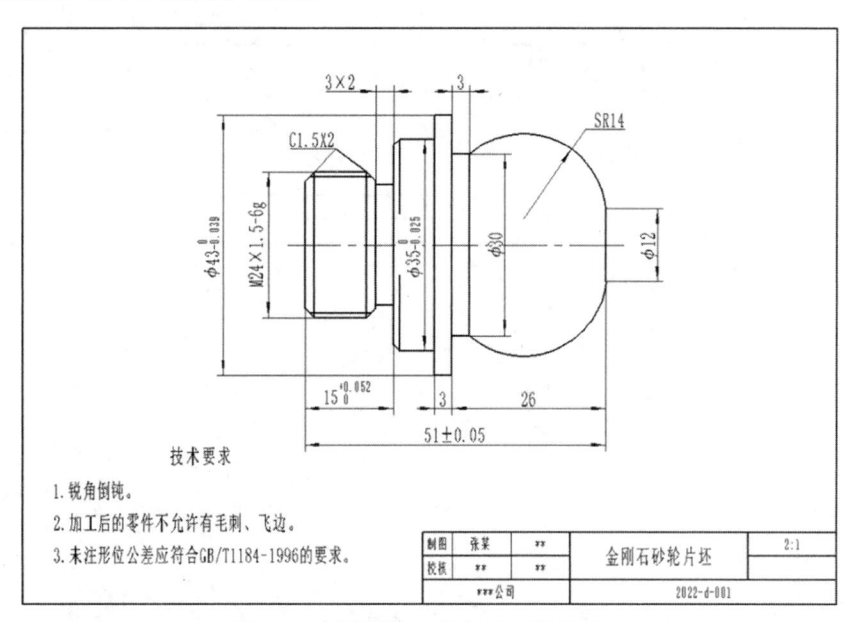

图 4-1　新能源汽车羊角轴（螺纹轴）

该项目将分为以下5项任务逐步进行。

任务1　加工工序卡的制作

任务导一导

【任务说明】

接到订单后，生产部门的工艺员需要进行加工程序的编制。作为工艺员，现需要完成该零件加工生产的第一步，即数控车床工序卡的制作。

★学习目标

1. 知识目标

（1）熟悉工序卡的定义。

（2）掌握工序卡基本内容的填写。

（3）掌握螺纹轴类零件的加工工序。

2. 技能目标

（1）能够熟练填写工序卡的基本内容。

（2）能够独立制作新能源汽车羊角轴的加工工序卡。

3. 思政目标

（1）培养学生的爱国主义精神。

（2）培养学生严谨细致的工匠精神。

（3）培养学生的团结协作精神。

（4）培养学生的创新精神。

知识学一学

一、零件的加工工序卡

加工工序卡是指在生产过程中用来指导工人进行加工的工艺性文件。一般简易的工序卡需要涉及简易的工艺流程、工序名称、夹具、刀具以及其他辅助工具等内容。一般来讲，一个固定产品的加工包含很多工序，因此编制加工工序卡比较复杂，通常我们只需编写自己所在岗位的工序卡即可。加工工序卡作为规范性的指导文件，可以在很大程度上帮助提高生产效率，同时还能规范生产，对产品质量的保证有着至关重要的作用。

工序卡是指一个（或一组）工人在一个工作地（如一台车床）对一个（或若干个）劳动对象连续完成的各项生产活动的总和。它是组成生产过程的最小单元，一个工艺包含多道工序过程。

工步是指在加工表面和加工工具不变的情况下，连续完成的一部分加工内容。可以理解为一道工序不同的加工步骤，例如，外圆加工就可分为粗车工步和精车工步。一道工序可以包含多个工步。

在理解了以上概念的基础上，我们结合数控车床的加工工序卡举例来系统了解数控车床加工工序卡的构成，具体包含内容如表4-1-1所示。

表 4-1-1 数控加工工序卡

数控加工工序卡		产品型号	***	零件图号	***		
		产品名称		零件名称	螺纹轴		
材料牌号	铝2A01	毛坯种类	棒料	毛坯尺寸	φ40×105	备注	
工序	工序名称	设备名称	数控车床	设备型号	CK6140	夹具名称	三瓜卡盘	冷却液	皂化液	生产地点	数控车间
工步号	工步内容	刀具号	刀具名称	量具	主轴转速 (r/min)	进给速度 (mm/r)	背吃刀量 (mm)
1	安装毛坯,保证伸出长65mm,平端面对刀						
2	粗车外圆到零件φ38尺寸处	T0101	93°外圆刀	游标卡尺	600	0.2	0.5
3	精车外圆	T0101	93°外圆刀	千分尺	600	0.2	1
4	车4×φ12的槽	T0101	93°外圆刀	千分尺	1000	0.16	0.5
5	车M16×2外螺纹	T0202	3mm外槽刀	游标卡尺	500	0.12	1
6	车断	T0303	60°外圆车刀	螺纹环规	500	2	0.12~0.3
7	平端面,取总长	T0202	3mm外槽刀	游标卡尺	500	0.12	1
		T0101	93°外圆刀	游标卡尺	800	0.12	<0.5
编制		审核				工艺简图	
						第1页 共1页	

二、车削工艺步骤的选择原则

机械加工在工艺安排中的原则分类有两种方式：一种是以安装工序来划分，即工序集中原则和工序分散原则；另一种是按照加工过程中的余量大小来区分，即粗—半精—精。

1. 工序集中原则

所谓工序集中原则，就是指每道工序包括尽可能多的加工内容，从而使工序的总数减少，主要应用于小批量零件的生产。

其主要特点如下。

（1）减少工件装夹次数，能够更好地减小因为装夹而引起的加工误差，同时减少了装夹及校正零件的时间和夹具数量。

（2）缩短了加工工艺路线，方便简化产品加工的组织过程和生产过程。

（3）减少了车床数量、操作人员数量和占地面积。

（4）有利于采用高效率的专用设备和数控车床，提高了生产率。

（5）采用的工装设备结构复杂，调整维修较困难，生产准备工作量大，生产周期较长。

2. 工序分散原则

所谓工序分散原则与工序集中原则相反，就是将零件的加工分散到很多道工序内完成，每道工序加工的内容较少，主要应用于大批量复杂零件的生产。

其主要特点如下。

（1）设备和工艺装备比较简单，便于调整，容易适应产品的变换。

（2）对工人的技术要求较低。

（3）所需设备、员工以及工艺装备的数目较多，车间占地较大。

3. 粗—半精—精

根据零件的加工精度、刚性和变形情况等因素的影响，在车削零件时一般总是将加工过程分为粗车—半精车—精车三个阶段。这样做的原因如下。

（1）在粗加工时，遵循的原则是尽可能加大进刀量，因此所产生的分削力和装夹力就会很大，这时被加工零件就会产生较大的变形。如果直接将零件加工到所需尺寸，那么在取下后零件的尺寸就可能发生变化，从而产生废品。而且如果是掉头零件，那么在粗车另一头时，同样会因为切削力的原因造成已加工好的零件表面受到损坏。

（2）由于任何工件毛坯都会存有内应力，当进行表面加工后，内应力将会重新分布，从而导致零件发生一定量的变形。因此，粗、精加工分开，能够很好地避开此问题。

（3）精车过程放在最后，可以保护零件的已加工表面，防止零件在多次装夹中被碰伤、划伤，造成零件报废。

（4）粗、精加工分开，能够使工人及时发现毛坯缺陷从而替换毛坯，防止因为毛坯隐藏缺陷而造成工作效率下降。

三、加工工艺路线

所谓加工工艺路线，就是完成一个零件加工所需的步骤。加工前，应先确定零件的加工工艺路线，它的确定原则有以下4点。

（1）能够保证零件的加工精度和表面质量。
（2）方便装夹和定位。
（3）方便加工坐标的计算，以减少编程工作量。
（4）较短的加工路线，较少的车床空运行时间。

四、工序卡编制举例

请根据图4-1-1所示的螺纹滚轴图纸要求，制定该零件的加工工序卡。

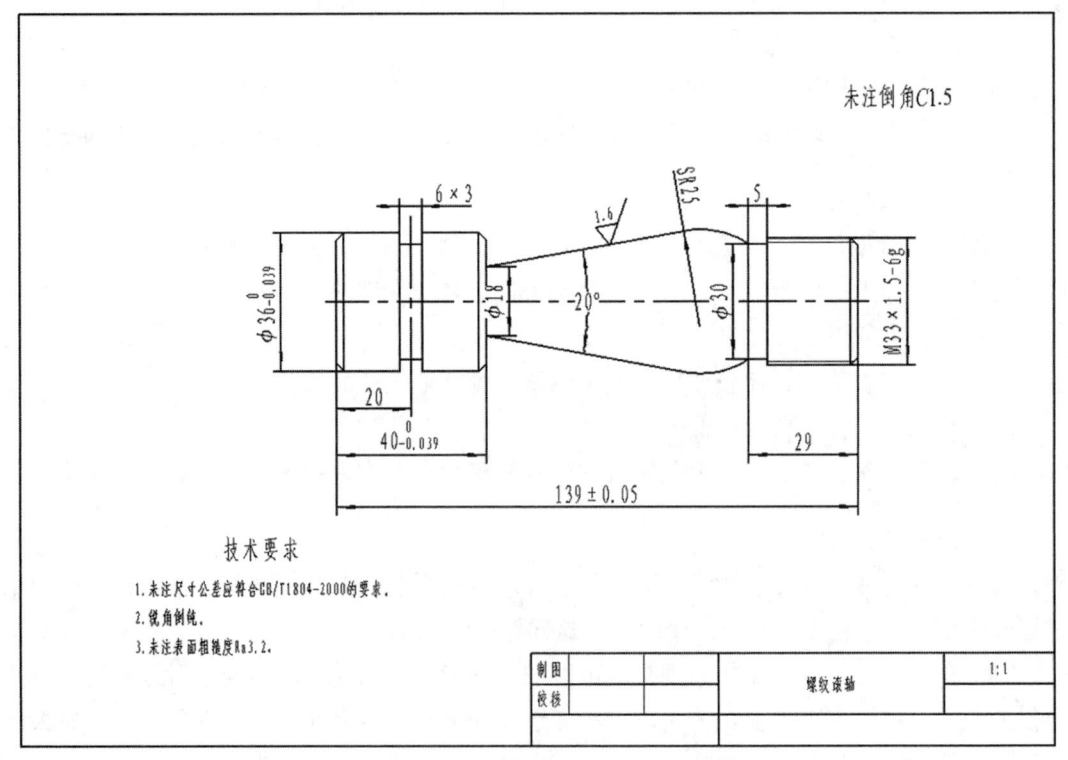

图 4-1-1　螺纹滚轴图纸

螺纹滚轴数控车床的加工工序卡如表4-1-2所示。

表 4-1-2 螺纹滚轴数控车床的加工工序卡

数控加工工序卡				产品型号	***	零件图号	***
				产品名称	螺纹轴	零件名称	螺纹滚轴
材料牌号	45#钢	毛坯种类	棒料	毛坯尺寸	φ40×142	备注	
工序	工序名称	设备名称	设备型号	程序编号	夹具名称	冷却液	生产地点
1	车削	数控车床	CK6140		三爪卡盘	皂化液	数控车间
工步号	工步内容	刀具号	刀具名称	量具	主轴转速 (r/min)	进给速度 (mm/r)	背吃刀量 (mm)	工艺简图
1	安装保证伸出长 60mm,车 40mm 夹位	T0101	93°外圆刀	游标卡尺	600	0.2	0.5	
2	装夹夹位,取总长对刀	T0101	93°外圆刀	千分尺	600	0.2	<0.5	
3	粗车外圆到零件φ36 尺寸结束并延长 1mm	T0101	93°外圆刀	千分尺	600	0.2	1	
4	精车外圆到零件φ36 尺寸结束并延长 1mm	T0101	93°外圆刀	千分尺	1000	0.12	0.5	
5	车 5×φ28 的槽	T0202	3mm 外槽刀	游标卡尺	500	0.12	3	
6	调头装夹φ36 尺寸,伸出长度为 100mm,对刀 Z 轴	T0303	93°外圆刀		600			
7	粗车外圆至φ36 右侧开始的倒角,并延长 1mm	T0303	35°外仿形车刀	千分尺	600	0.2	0.5	
8	精车外圆至φ36 右侧开始的倒角,并延长 1mm	T0303	35°外仿形车刀	千分尺	600	0.2	0.5	
9	车 5×φ30 的槽	T0202	3mm 外槽刀	游标卡尺	500	0.12	3	
10	车 M33×1.5-6g 外螺纹	T0303	60°外圆车刀	螺纹环规	500	1.5	0.12~0.3	
编制		审核				共1页	第1页	

任务练一练

(1) 填写新能源汽车羊角轴(螺纹轴)工序卡的表头内容。

(2) 编写新能源汽车羊角轴(螺纹轴)工序卡的工步。

收获评一评

评价项目	配分	评价内容	综合评价			最终得分
			自评	互评	教师评价	
职业素养	30	迟到（5分）				
		早退（5分）				
		串岗（5分）				
		6S管理（5分）				
		认真完成任务（10分）				
专业能力（工序卡的编制）	70	工序卡表头的填写（10分）				
		工序步骤（20分）				
		刀具选用（10分）				
		装夹图（10分）				
		加工参数的合理性（10分）				
		填写的规范性（10分）				
学习心得						
教师评语						最终成绩

能力拓一拓

编写下图所示工件的加工工序卡。

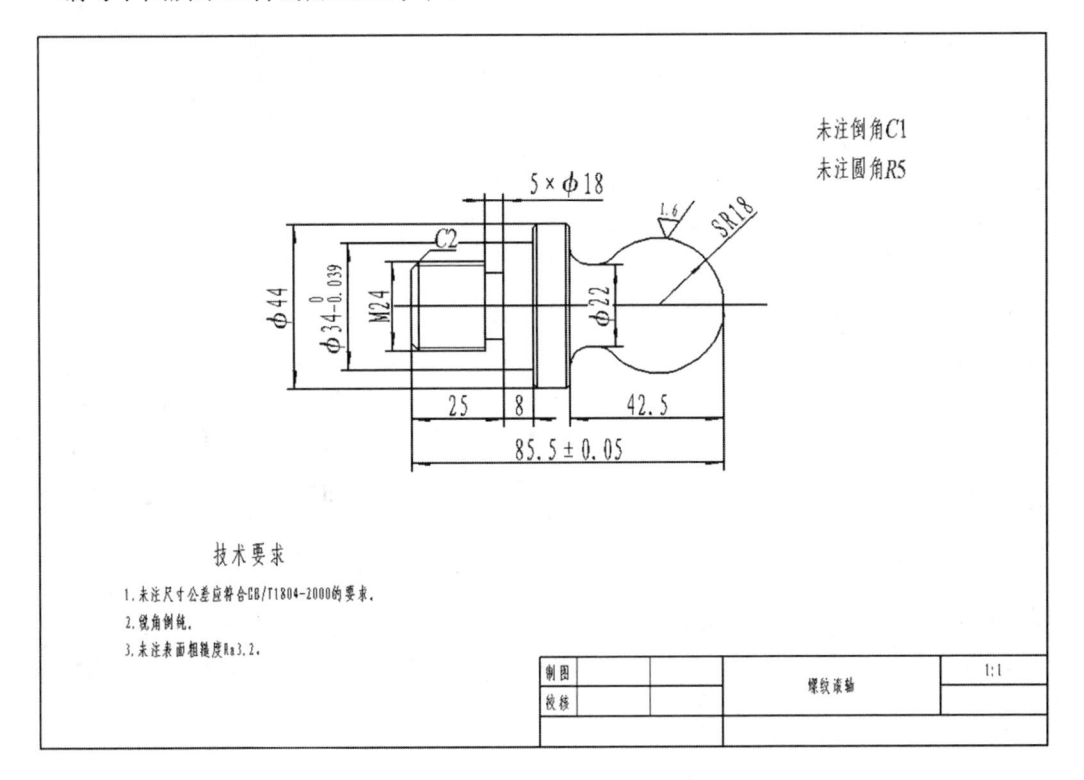

技术要求
1. 未注尺寸公差应符合GB/T1804-2000的要求。
2. 锐角倒钝。
3. 未注表面粗糙度Ra3.2。

图名：螺纹滚轴　比例：1:1

任务2　外形圆弧面加工的编程与仿真

任务导一导

★学习目标

1．知识目标

（1）掌握G02、G03圆弧插补指令的应用。

（2）掌握G71、G73粗车复合循环指令的格式及应用。

（3）掌握G41、G42、G40指令的格式及应用。

（4）熟悉调头加工工件的工艺安排。

2．技能目标

（1）能够独立编制螺纹轴零件外圆加工程序。

（2）可以利用斯沃数控仿真软件进行仿形加工程序的验证。

3. 思政目标
（1）培养学生的探索创新精神。
（2）培养学生灵活处理问题的能力。

知识学一学

一、G02/G03——圆弧插补指令

1. 应用

圆弧插补指令用于圆弧面的加工，以及圆弧顺、逆的判断。圆弧的判断主要与刀架所处的位置有关。前刀架的圆弧判断方法如图4-2-1所示。刀具沿Z轴的正方向往负方向走刀加工外轮廓时，凸圆为逆时针圆弧用G03指令，凹圆为顺时针圆弧用G03指令。后刀架的圆弧判断方法与前刀架的圆弧判断方法相反。本书不做具体说明时，以前置刀架为例。

2. 指令格式

（1）指令格式一（用圆弧半径指定圆心位置）：G02X(U)_Z(W)_R_F_；G03X(U)_Z(W)_R_F_。
（2）指令格式二（用I、K指定圆心位置）：G02X(U)_Z(W)_I_K_F_；G03X(U)_Z(W)_I_K_F_。

其中：
① X、Z为刀具运动目标点坐标。
② U、W为刀具运动目标点相对于运动起点的增量坐标。
③ F为进给速度，进给速度单位有mm/r、mm/min两种。
④ R为圆弧半径。
⑤ I、K为圆心相对于圆弧起点的增量值。如图4-2-2所示，I为圆心与圆弧起点在X方向的差值；K为圆心与圆弧起点在Z方向的差值。I=圆心坐标值X－圆弧起点的X坐标值；K=圆心坐标值－圆弧起点的Z坐标值。

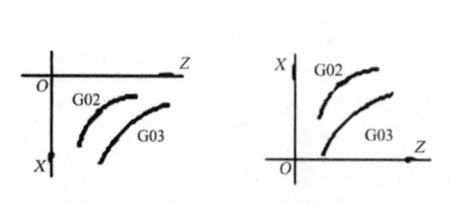

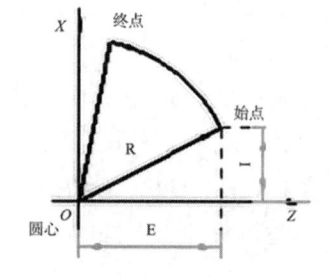

图 4-2-1　圆弧方向判断图　　　　图 4-2-2　I、K圆弧编程圆心表示图

3. 编程实例

如图4-2-3所示，刀尖从圆弧起点A点移动到终点B点，试写出圆弧插补的程序段。

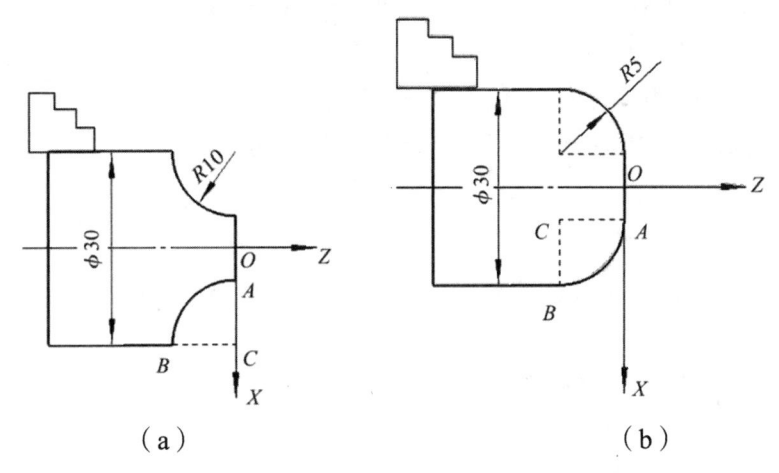

图 4-2-3　G02、G03 编程示例图

设定图4-2-3（a）为顺圆弧插补，图4-2-3（b）为逆圆弧插补，其编程程序段如表4-2-1所示。

表 4-2-1　编程程序段

	图 4-2-3（a）	图 4-2-3（b）
绝对方式 R 编程	G99 G02 X30 Z-10 R10 F0.1	G99 G03 X30 Z-10 R10 F0.1
增量方式 R 编程	G99 G02 U20 W-10 R10 F0.1	G99 G03 U20 W-10 R10 F0.1
绝对方式 I、K 编程	G99 G02 X30 Z-10 I2 0K0 F0.1	G99 G03 X30 Z-10 I0 K-10 F0.1
增量方式 I、K 编程	G99 G02 U20 W-10 I20 K0 F0.1	G99 G03 U20 W-10 I0 K-10 F0.1

如图4-2-4所示，写出刀尖从零件零点出发，车削圆弧手柄的程序段。

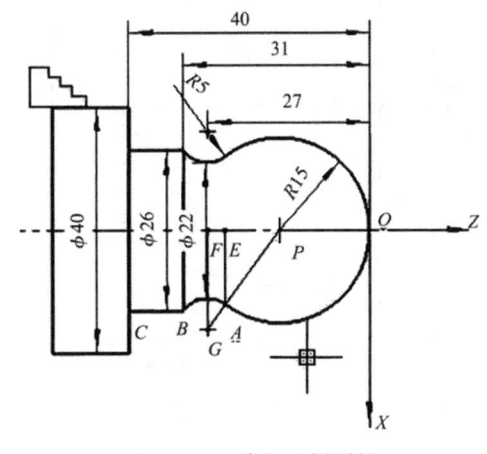

图 4-2-4　编程示例图纸

解：

① 求刀尖轨迹坐标。

PA=15，AG=5，PG=PA+AG=15+5=20，FG=22/2+5=16，PF=27-15=12

由PA/PG=PE/PF可知，PE=PA×PF/PG=15×12/20=9。

由PA/PG=EA/FG可知，EA=PA×FG/PG=15×16/20=12。

各点坐标值如下：$A(24,-24)$、$B(26,-31)$、$C(26,-40)$

② 编写程序。

```
O0002;                  程序名
M03 S800 T0101;         定义每转进给，主轴正转 800r/min，调用第 1 号车刀、第 1 号刀补
G00 X42 Z2;             快速定位
X0;                     快速定位
G01 Z0 F0.1;            靠近工件
G03 X24 Z-24 R15;       切削 R15 圆弧段
G02 X26 Z-31 R5;        切削 R5 圆弧段
G01 Z-40;               切削 φ26 外圆
G00 X42 Z2;             返回起点
X200 Z100 M05;          将刀退到安全位置，主轴停转
M30;                    程序结束
```

4．作业

试编制如图4-2-5所示工件的精加工程序。

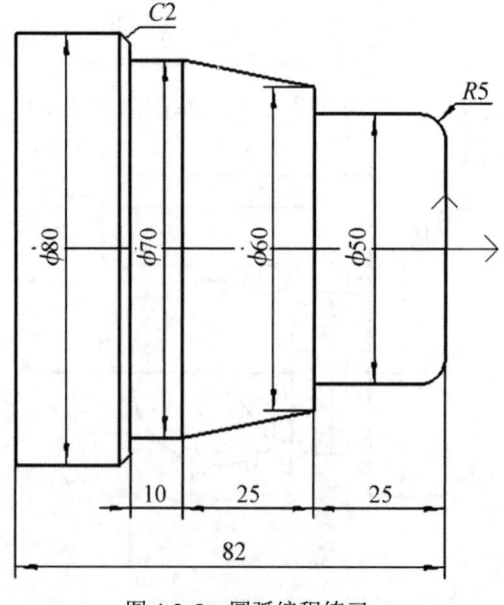

图 4-2-5 圆弧编程练习

二、G41/G42——刀尖半径补偿指令

1. 应用

任何刀尖不可能做到绝对锋利,一是因为工艺问题,二是因为绝对锋利的刀尖不耐用,所以我们所用的刀尖都是做成有一定的圆弧的。因为这一点圆弧,在加工锥面或圆弧类型的工件时,会出现加工误差,为避免这类误差,可以用G41和G42——刀尖半径补偿指令进行解决。

2. 指令格式

```
G41 G00(G01) X_Z_;
G42 G00(G01) X_Z_;
G40 G00(G01) X_Z_;
```

其中:
① G41为建立刀尖圆弧半径左补偿。
② G42为建立刀尖圆弧半径右补偿。
③ G40为取消刀尖圆弧半径补偿。

图4-2-6表示了根据刀具与工件的相对位置及刀具的运动分析,如何选用G41、G42指令。

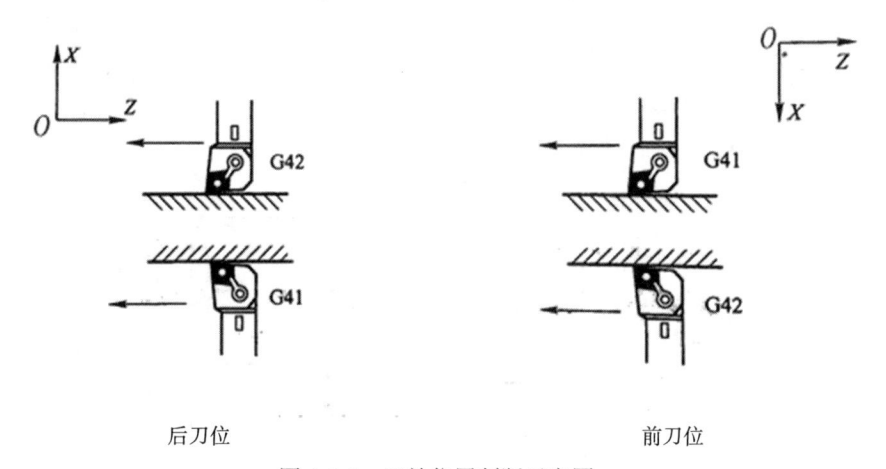

图 4-2-6 刀补位置判断示意图

刀尖圆弧半径补偿量可以通过刀具补偿设定画面设定,如图4-2-7所示。T指令要与刀具补偿编号相对应,并且要输入假想刀尖位置序号。假想刀尖位置序号是对不同形式刀具的一种编码,如图4-2-8所示。

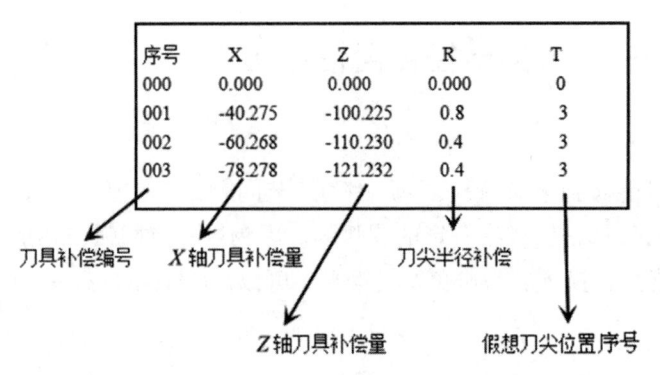

序号	X	Z	R	T
000	0.000	0.000	0.000	0
001	-40.275	-100.225	0.8	3
002	-60.268	-110.230	0.4	3
003	-78.278	-121.232	0.4	3

刀具补偿编号　　X轴刀具补偿量　　刀尖半径补偿
　　　　　　Z轴刀具补偿量　　假想刀尖位置序号

图 4-2-7　刀尖半径、方位号输入位置界面

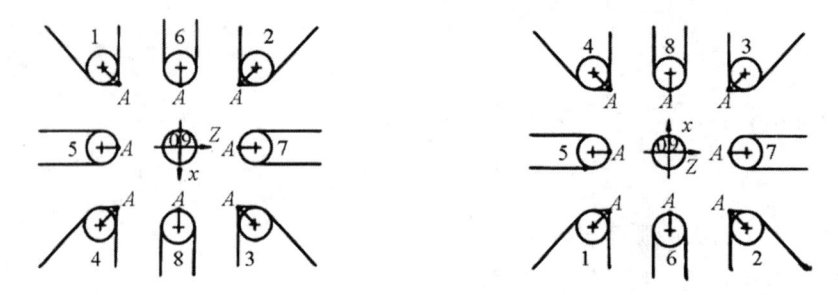

图 4-2-8　刀尖方位号判断图

3. 编程实例

试用刀尖半径补偿指令编写图4-2-9所示工件的精加工程序。

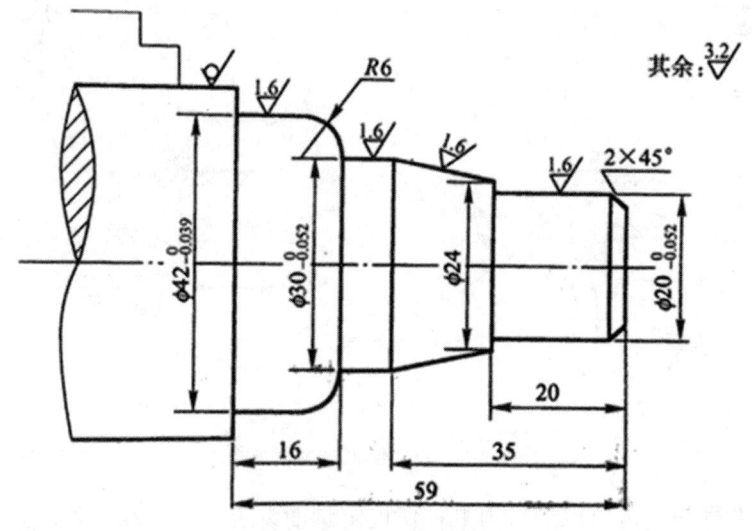

图 4-2-9　刀尖半径补偿指令编程图

编写程序如下：

| O0004; | 程序名 |
| G99 G00 X200 Z100; | 设定进给速度，单位为mm/r，让刀退到安全位置 |

M03 S1600 T0101;	主轴正转,转速1600r/min,调用第1号车刀、第1号刀补
G42 G00 X50 Z3;	快速定位并加入刀尖圆弧半径补偿
G00 X16;	靠近倒角X坐标
G01 Z0 F0.1;	靠近倒角X坐标
X20 Z-2;	加工倒角
Z-20;	加工ϕ20外圆
X24;	加工ϕ24外圆
X30 Z-35;	加工锥度
Z-43;	加工ϕ24外圆
G03 X42 Z-49 R6;	加工R6圆弧
G01 Z-59;	加工ϕ24外圆
X50;	退刀
G40 G00 X200 Z100;	将刀退到安全位置并取消刀尖圆弧半径补偿
M30;	程序结束

4. 作业

试用刀尖半径补偿指令编写图4-2-10所示工件的精加工程序。

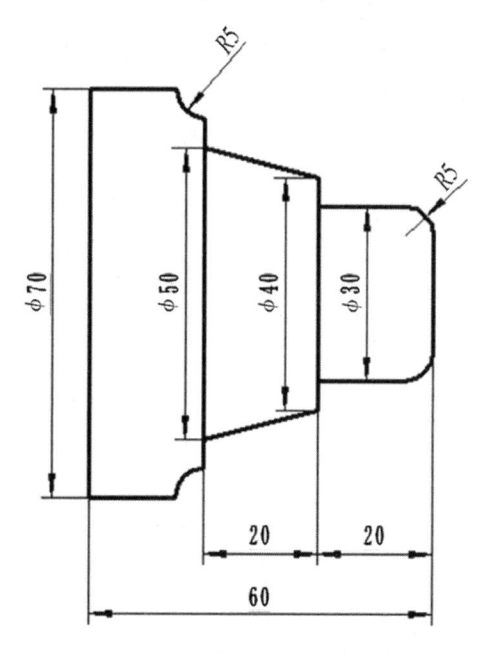

4-2-10 刀尖半径补偿指令编程练习图

三、G71——轴向粗车复合循环指令

1. 应用

该指令只需指定粗加工的背吃刀量、精加工余量和精加工路线,系统可自动给出加工

路线和次数。

2. 指令格式

```
G71 U(Δd) R(e) F ;
G71 P(ns) Q(nf) U(Δu) W(Δw);
```

其中：

① G71为非模态指令。

② Δd为X方向的切削深度，无正负号，为半径值。

③ e为X方向的退刀量，无正负号，为半径值。

④ ns为精车轨迹的第一个程序段序号。

⑤ nf为精车轨迹的最后一个程序段序号。

⑥ Δu为X方向的精加工余量，为直径值。

⑦ Δw为Z方向的精加工余量。

⑧ F为切削进给速度。

注意事项如下。

① X方向的尺寸必须是单调递增或单调递减的。

② ns~nf段的程序中只能含有G00、G01、G02、G03等G功能指令，且其中的F、S、T指令无效，但在G70指令循环中有效。

③ ns、nf段必须由G00或G01指令指定，且ns指定的程序段只能对X值进行定义，不能对Z值进行定义。

④ 循环程序段不能调用子程序。

3. 指令代码轨迹

G71指令代码轨迹如图4-2-11所示。

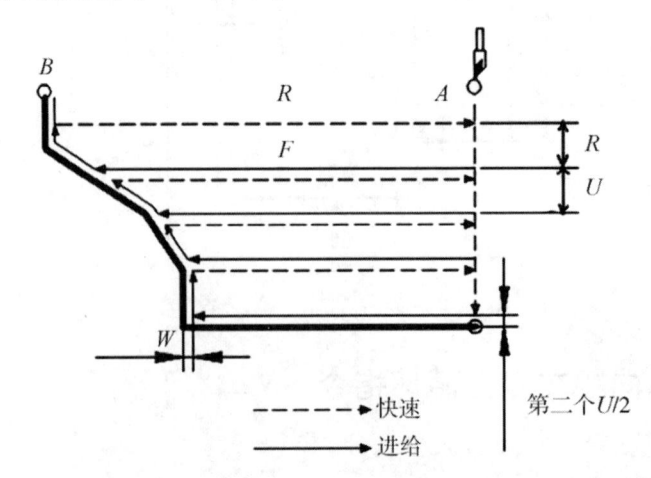

图 4-2-11 G71 指令代码轨迹图

4. 编程实例

编制如图4-2-12所示工件的粗加工程序，采用G71指令，粗车切深为2mm，退刀量为0.5mm，X方向精车余量为0.5mm，Z方向精车余量为0.1mm。

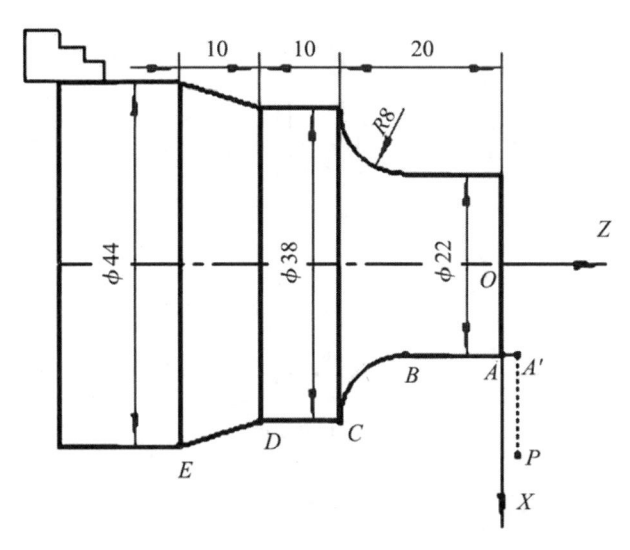

图 4-2-12　工件的粗加工编程图

解：

① 求节点坐标。

$P(46,2)$、$A'(22,2)$、$A(22,0)$、$B(22,-12)$、$C(38,-20)$、$D(38,-30)$、$E(44,-40)$

② 编写程序如下：

O1234;	程序名
G99 G00 X200 Z100;	设定进给速度，单位为mm/r，让刀退到安全位置
M03 S500 T0101;	主轴正转，转速500r/min，调用第1号车刀、第1号刀补
G00 X46 Z2 M08;	快速定位，开切削液
G71 U2 R0.5;	外圆粗车循环，给定加工参数
G71 P10 Q20 U0.6 W0.3 F0.2;	N10 到 N20 为循环部分轮廓
N10 G00 X22;	定位
G01 Z-12 F0.1;	车 $\phi 22$ 外圆
G02 X38 Z-20 R8;	加工 R8 圆弧面
G01 Z-30;	车 $\phi 38$ 外圆
X44 Z-40;	车锥面
N20 G00 X46;	退刀
G00X 200Z 100 M09 M05;	将刀退到安全位置，主轴停转
M30;	程序结束

5. 作业

试用G71指令编制如图4-2-13所示工件的粗加工程序（毛坯直径$\phi 40$）。

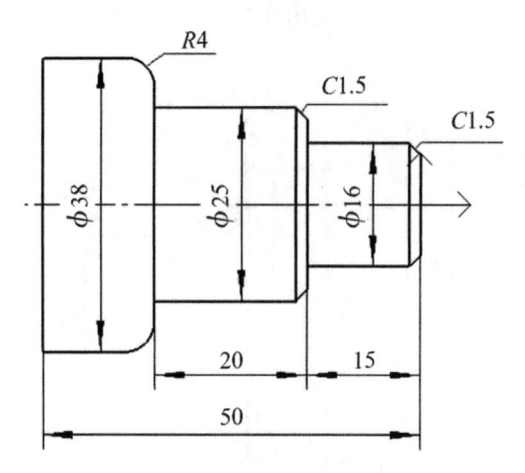

图 4-2-13　G71指令编程练习图

四、G73——仿形车削复合循环指令

1. 应用

车削时按照轮廓加工的最终路径形状，进行反复循环加工。

2. 指令格式

```
G73 U(ΔI)  W(ΔK)  R(D);
G73 P(ns)  Q(nf)  U(Δu)  W(Δw)  F(f);
```

① ΔI为X方向的退刀量（半径值，无正负号），ΔI=（毛坯直径－最小加工直径）/2。

② ΔK为Z方向的退刀量（可用参数设定），一般取值为0.3～1mm。

③ D为粗车次数。

④ ns为精加工路线的第一个程序段序号。

⑤ nf为精加工路线的最后一个程序段序号。

⑥ Δu为X方向的精加工余量（用直径值表示），一般取值为1mm。

⑦ Δw为Z方向的精加工余量，一般取值为0。

⑧ F为进给速度。

3. 指令代码轨迹

G73指令代码轨迹如图4-2-14所示。

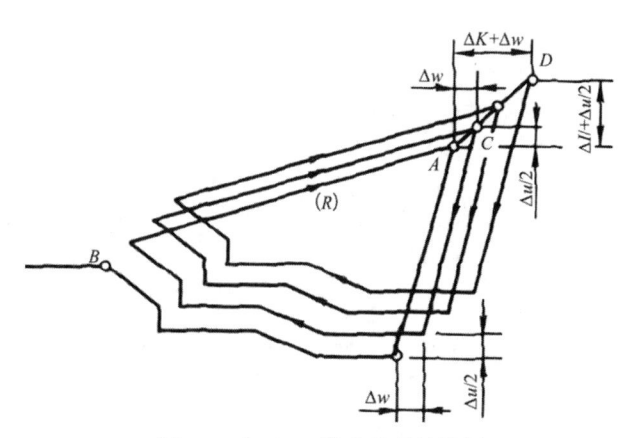

项目四 新能源汽车羊角轴——螺纹轴类零件的编程与加工

图 4-2-14 G73 指令代码轨迹图

4. 编程实例

试用G73指令编写如图4-2-15所示工件的加工程序。

解：

① 求节点坐标。

$A(10,0)$、$B(20,-5)$、$C(20,-20)$、$D(30,-20)$、$E(30,-30)$、$F(30,-40)$、$G(40,-60)$

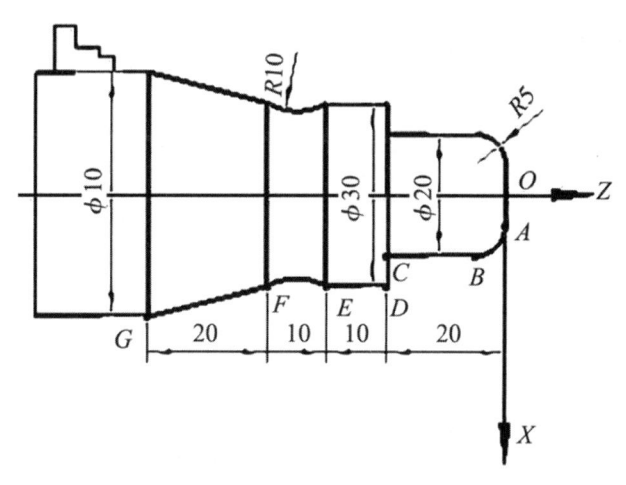

图 4-2-15 G73 指令代码编程图

② 编写程序如下：

O1234;	（程序名）
G99;	设定进给速度单位
G00 X200 Z100;	将刀退到安全位置
M03 S500 T0101;	主轴正转，转速500r/min，调用第1号车刀、第1号刀补
G00 X42 Z2;	快速定位
G73 U15 R8 F0.15;	外圆粗车循环，给定加工参数

```
G73 P1 Q2 U1;              N10到N20为循环部分轮廓
N1 G00 X10;                定位
G01 Z0 F0.1;               靠端面
G03 X20 Z-5 R5;            加工R5圆弧面
G01 Z-20;                  车φ20外圆
X30;                       车端面
Z-30;                      车φ30外圆
G02 Z-40 R10;              加工R10圆弧面
N2 G01 X40 Z-60;           车锥面
G00 X200 Z100 M05;         快速退回换刀点,主轴停转
M00;                       程序暂停,粗加工结束
M03 S1000 T10101;          主轴正转,转速1000r/min,调用第1号车刀、第1号刀补
G00 X47 Z2;                快速定位
G70 P1 Q2;                 精加工外轮廓
G00 X200 Z100 M05;         快速退回换刀点,主轴停转
M30;                       程序结束
```

5. 作业

试用G73指令编制如图4-2-16所示工件的粗加工程序（毛坯直径 $\phi65$）。

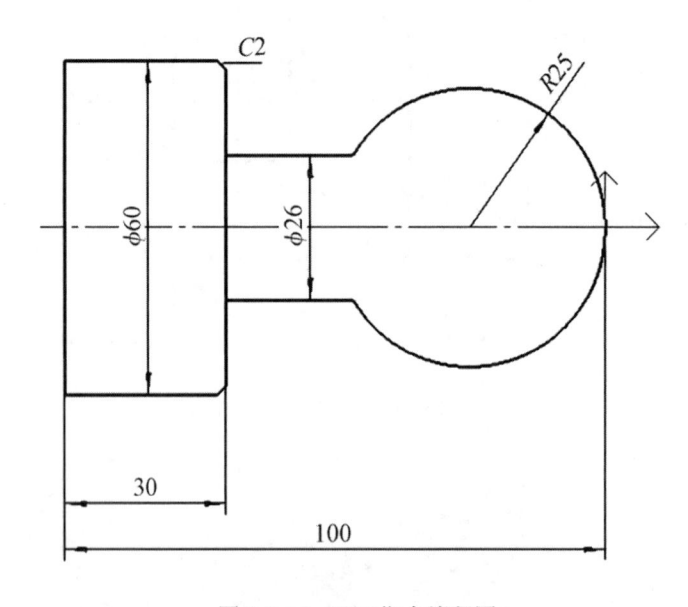

图 4-2-16 G73 指令编程图

五、G70——精车循环指令

1. 应用

用G71、G72、G73粗车完毕后,用G70指令使刀具进行精加工。

2. 指令格式

```
G70 P(ns) Q(nf)
```

其中:
① ns为精加工路线的第一个程序段序号。
② nf为精加工路线的最后一个程序段序号。

3. 编程实例

编写如图4-2-16所示工件的精加工程序如下:

O1234;	程序名
M03 S1000 T0101;	主轴正转,1000r/min,调用第1号车刀、第1号刀补
G99 G00 X46 Z2;	每转进给,快速定位
G70 P10 Q20;	精加工循环
G00 X200 Z100 M05;	刀具退到安全位置,主轴停转
M30;	程序结束

4. 作业

试用G70指令编制如图4-2-13、图4-2-16所示工件的精加工程序。

任务练一练

(1)请按照任务1所制作的数控车床加工工序卡的工步顺序,选择正确的粗、精车指令,编写新能源汽车羊角轴(螺纹轴)外圆车削的加工程序。
(2)使用斯沃数控仿真软件,对所编写的加工程序进行模拟加工验证。
(3)进行模拟加工测量,调试相应的加工程序。

收获评一评

评价项目	配分	评价内容	综合评价			最终得分
			自评	互评	教师评价	
职业素养	30	迟到（5分）				
		早退（5分）				
		串岗（5分）				
		6S管理（5分）				
		认真完成任务（10分）				
专业能力（工序卡的编制）	70	左半部分外圆粗车编程（20分）				
		左半部分外圆精车编程（10分）				
		右半部分外圆粗车编程（20分）				
		右半部分外圆精车编程（10分）				
		模拟加工仿真及程序调整（10分）				
学习心得						
教师评语						最终成绩

能力拓一拓

编写下图所示的零件外圆加工程序。

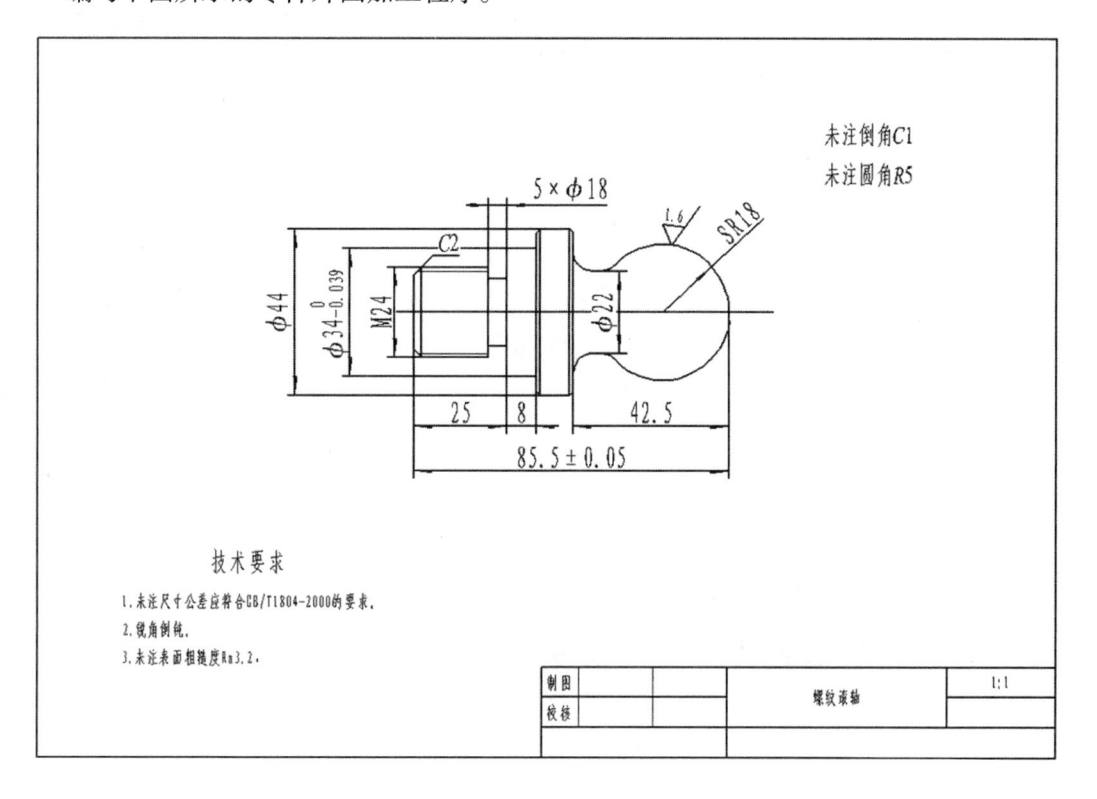

技术要求
1. 未注尺寸公差应符合GB/T1804-2000的要求。
2. 锐角倒钝。
3. 未注表面粗糙度Ra3.2。

螺纹滚轴 1:1

任务3 外槽加工的编程与仿真

任务导一导

★学习目标

1. 知识目标

（1）熟悉车槽加工常用工艺方法。
（2）掌握G75车槽循环指令格式及在外槽编程中的应用。
（3）熟悉槽的几种标注方法。

2. 技能目标

（1）能够独立编制外槽加工程序。
（2）掌握利用斯沃数控仿真软件进行外槽加工程序验证。

3. 思政目标

（1）培养学生的爱国主义精神。

（2）培养学生认真细致的工作态度。

知识学一学

一、G04——暂停指令

1. 应用

用于加工过程中的定时暂停，非模态指令只在当前自然段有效。主要用于加工孔底及切槽槽底刀具的短暂停留，以提高孔底及槽底的加工表面质量。

2. 指令格式

```
G04 X()或G04 P()
```

3. 应用举例

G04 X1的含义为程序暂停1秒。

二、G75——切槽或切断循环指令

1. 应用

用于切槽或切断的循环指令。

2. 指令格式

```
G75R(e);
G75X(U)-Z(W)-P(Δi)Q(Δk)F;
```

其中：

① G75为非模态指令。

② e 为每次沿 X 方向切削 Δi 的退刀量。

③ X、Z 为刀具切削终点的绝对坐标。

④ U、W 为刀具切削终点相对切削起点的增量坐标。

⑤ Δi 为 X 方向的每次循环进刀量，取直径值，单位为 μm。

⑥ Δk 为 Z 方向的每次循环进刀量，单位为 μm。

3. 指令代码轨迹

G75指令代码轨迹如图4-3-1所示。

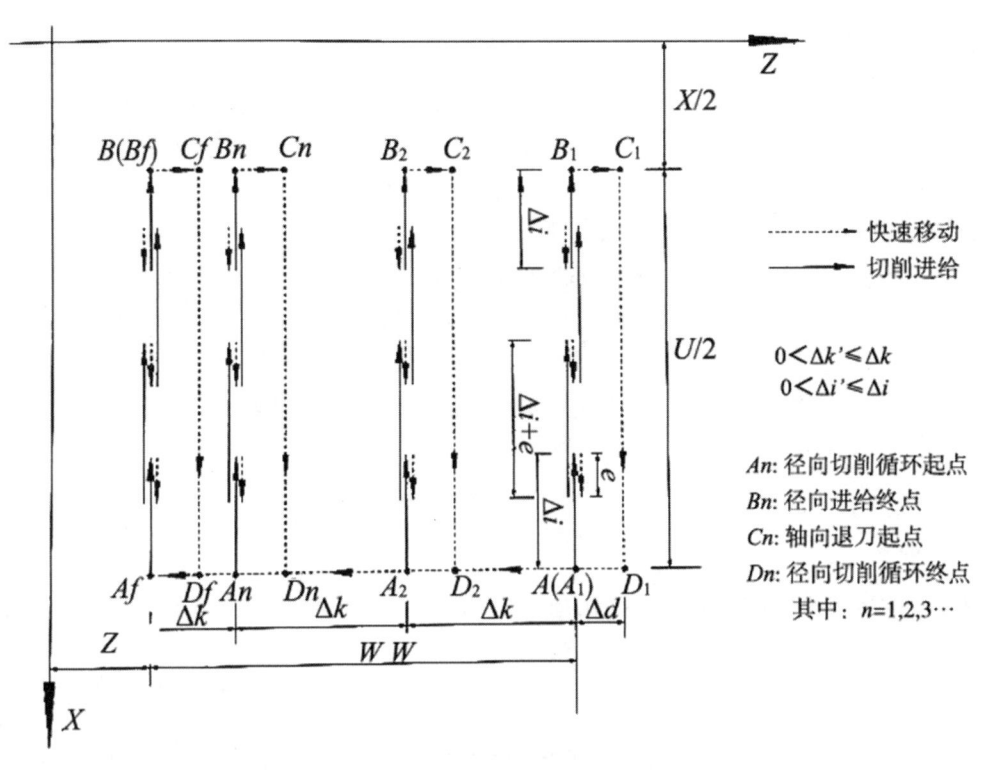

图 4-3-1 G75 指令代码轨迹图

4. 编程实例

试用G75指令编写如图4-3-2所示槽的加工程序。

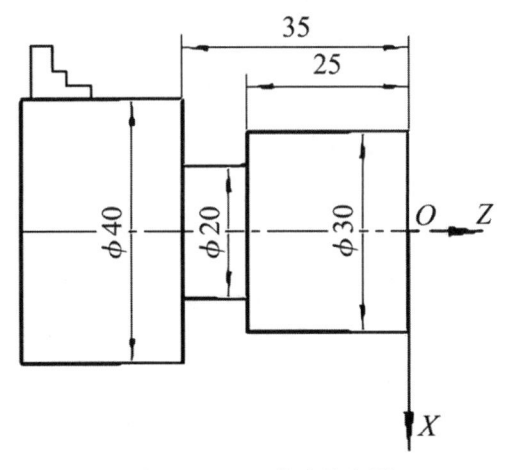

图 4-3-2 G75 指令编程图

编写程序如下：

```
O0001;                              程序名
M03 S500 T0101;                     主轴正转,转速500r/min,调用第1号车刀、第1号刀补
G99 G00 X32 Z2;                     每转进给,快速定位
Z-(25+刀宽);                        快速定位
G7 5 R0.5;                          切槽加工循环,给定加工参数
G75 X20 Z-35 P1000 Q250 F0.08;      X轴每次进刀1mm,退刀0.5mm,进给到
                                    终点［X20后,快速返回到起点Z-(25+刀宽)］,
                                    Z轴每次进刀3mm,循环以上步骤继续进行
G00 X200 Z100 M05;                  刀退到安全位置,主轴停转
M30;                                程序结束
```

5. 作业

试用G75指令编制如图4-3-3所示槽的加工程序（外形已加工完成）。

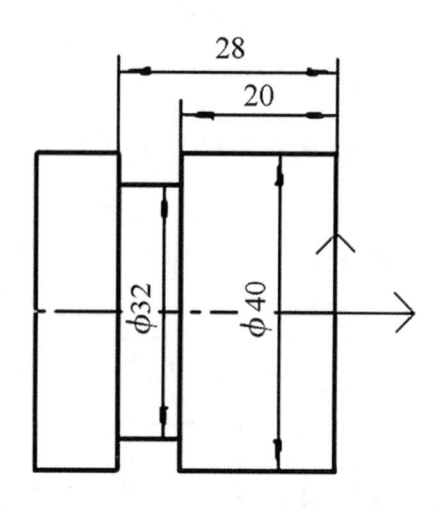

图 4-3-3　G75 指令编程练习图

任务练一练

（1）请按照任务1所制作的数控车床加工工序卡的工步顺序，编写新能源汽车羊角轴（螺纹轴）外槽的加工程序。

（2）使用斯沃数控仿真软件，对所编写的加工程序进行模拟加工验证。

（3）进行模拟加工测量，调试相应的加工程序。

收获评一评

评价项目	配分	评价内容	综合评价			最终得分
			自评	互评	教师评价	
职业素养	30	迟到（5分）				
		早退（5分）				
		串岗（5分）				
		6S管理（5分）				
		认真完成任务（10分）				
专业能力（工序卡的编制）	70	G75外槽加工程序的编写（40分）				
		外槽加工模拟仿真（20分）				
		外槽编程加工参数（10分）				
学习心得						
教师评语						最终成绩

能力拓一拓

编写下图所示零件外槽的加工程序（假设外圆已加工完成）。

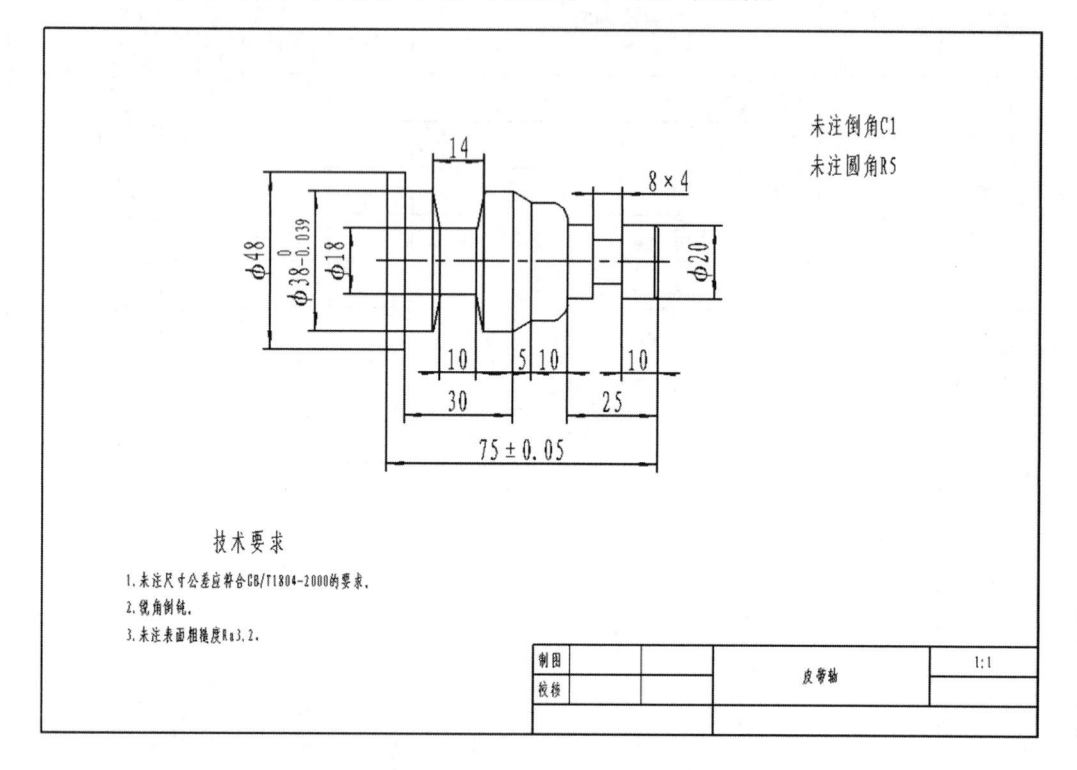

任务4　外螺纹加工的编程与仿真

任务导一导

★学习目标

1. 知识目标
（1）熟悉常见外螺纹的种类及加工工艺。
（2）掌握普通三角形外螺纹编程参数的计算。
（3）掌握G92、G76螺纹循环指令格式及在外螺纹加工编程中的应用。

2. 技能目标
（1）能够独立编制外螺纹加工程序。
（2）掌握利用斯沃数控仿真软件进行外螺纹加工程序的验证。

3. 思政目标

(1) 培养学生的规范化操作意识。

(2) 培养学生的探索求知能力。

(3) 培养学生的团结协作精神。

知识学一学

一、G92——螺纹切削单一循环指令

1. 应用

作为螺纹切削循环指令只能循环一次。

2. 指令格式

```
G92 X(U)_Z(W)_F(L)_;
```

3. 指令代码轨迹

G92指令代码轨迹如图4-4-1所示。

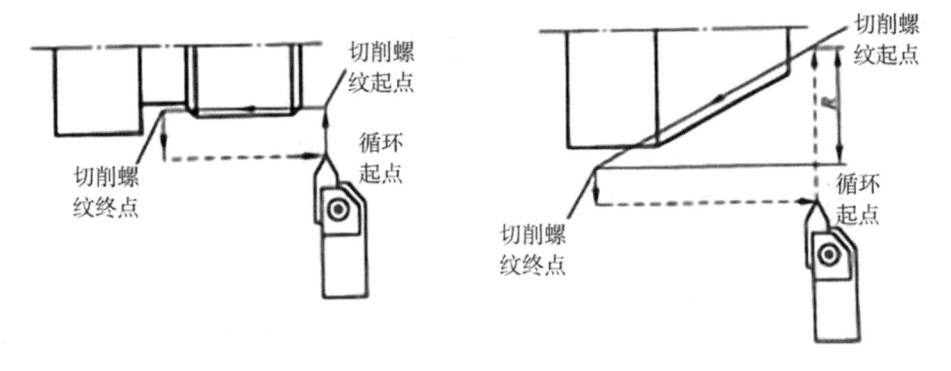

图 4-4-1　G92 指令代码轨迹图

4. 编程实例

试用G92指令编写如图4-4-2所示螺纹的加工程序。

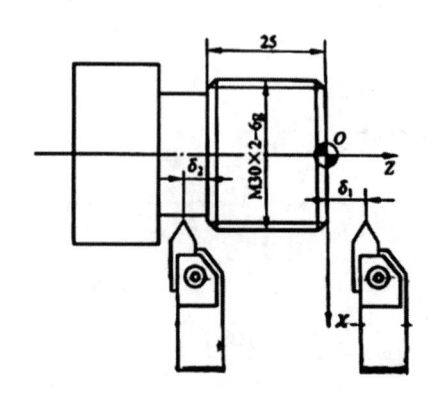

图 4-4-2　G92 指令编程图

编写程序如下：

O0001;	程序名
G99 G00 X200 Z100;	设定进给速度单位，将刀退到安全位置
M03 S500 T0101;	主轴正转，转速 500r/min，调用第 1 号车刀、第 1 号刀补
G00 X32 Z4;	快速定位，考虑空刀导入量
G92 X29.1 Z-27 F2;	切削第一次，考虑空刀导出量
X28.5;	切削第二次
X27.9;	切削第三次
X27.5;	切削第四次
X27.4;	切削第五次
G00 X200 Z100 M05;	刀退到安全位置，主轴停转
M30;	程序结束

5. 作业

试用G92指令编制如图4-4-3所示螺纹的加工程序。

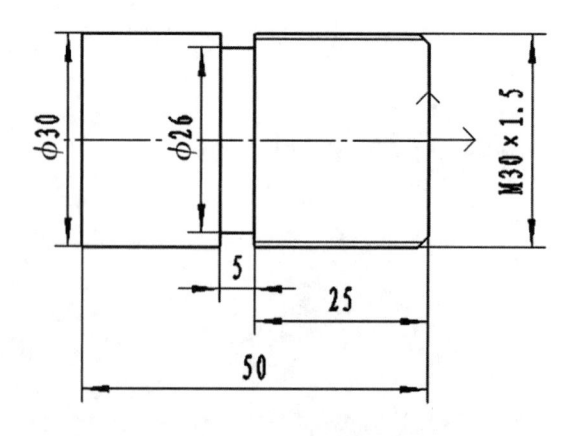

图 4-4-3　G92 指令编程练习图

二、G76——螺纹切削复合循环指令

1. 应用

运用此指令时,只需要指定一部分参数,因系统会自动设计走刀路线及走刀次数。

2. 指令格式

```
G76 P(m)(r)(α) Q(Δdmin) R(d);
G76 X(U) Z(W) R(i) P(k) Q(Δd) F(L);
```

其中:

① G76为模态指令。

② m 为精车重复次数,其值为1~99。

③ r 为螺纹尾端倒角值,该值可设置在 $0.0L$~$9.9L$ 之间,系数应为0.1的整数倍,用00~99范围内的两位整数来表示,其中 L 为螺距。

④ $α$ 为刀具角度,可从80°、60°、55°、30°、29°、0°六个角度中选择。

⑤ $Δdmin$ 为最小切削深度,用半径值表示,单位为μm。

⑥ d 为精车余量,用半径值表示,单位为mm。

⑦ $X(U)$、$Z(W)$ 为螺纹终点坐标值。

⑧ i 为螺纹锥度值,$i=$(X起点值$-$X终点值)/2,若 i 为0,则为直螺纹。

⑨ k 为牙高,用半径值表示,$k=1300P/2$,P 为螺距,单位为μm。

⑩ $Δd$ 为第一刀切入量,用半径值表示,单位为μm。

⑪ L 为螺纹的导程,$L=nP$,n 为螺纹头数,P 为螺纹螺距。

3. 指令代码轨迹

G76指令代码轨迹如图4-4-4所示。

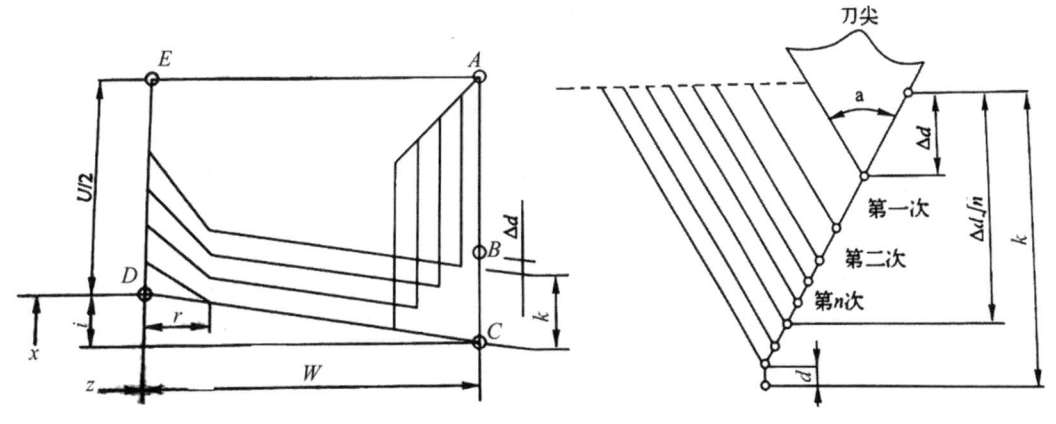

图4-4-4 G76指令代码轨迹图

4. 编程实例

试用G76指令编写如图4-4-3所示螺纹的加工程序。

```
O0001;                          程序名
G99 G00 X200 Z100;              设定进给速度单位,让刀退到安全位置
M03 S500 T0101;                 主轴正转,转速500r/min,调用第1号车刀、第1号刀补
G00 X32 Z4;                     快速定位,考虑空刀导入量
G76 P020060 Q80 R0.05;          螺纹切削循环,精车次数两次,螺纹尾端倒角值取为0
                                最小切削深度为80μm,精车余量为0.05mm
G76 X27.4 Z-27 P1300 Q250 F2;   牙高为1300μm;第一刀切入量为250μm,导程为2
G00 X200 Z100 M05;              刀退到安全位置,主轴停转
M30;                            程序结束
```

5. 作业

使用G92、G76指令分别编制如图4-4-5所示外螺纹的加工程序(零件外形已加工完成)。

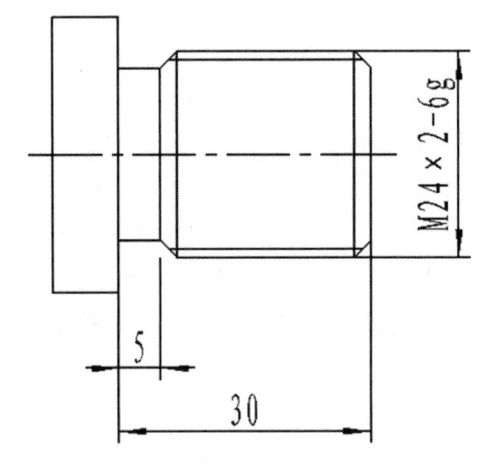

图 4-4-5　外螺纹的加工编程图

任务练一练

(1)请按照任务1所制作的数控车床加工工序卡的工步顺序,编写新能源汽车羊角轴的外螺纹的加工程序。

(2)使用斯沃数控仿真软件,对所编写的加工程序进行模拟加工验证。

(3)进行模拟加工测量,调试相应的加工程序。

收获评一评

评价项目	配分	评价内容	综合评价			最终得分
			自评	互评	教师评价	
职业素养	30	迟到（5分）				
		早退（5分）				
		串岗（5分）				
		6S管理（5分）				
		认真完成任务（10分）				
专业能力（工序卡的编制）	70	螺纹编程尺寸计算（20分）				
		G92指令螺纹加工编程（20分）				
		G76指令螺纹加工编程（20分）				
		螺纹加工模拟仿真（10分）				
学习心得						
教师评语						最终成绩

能力拓一拓

编写下图所示零件外螺纹的加工程序。

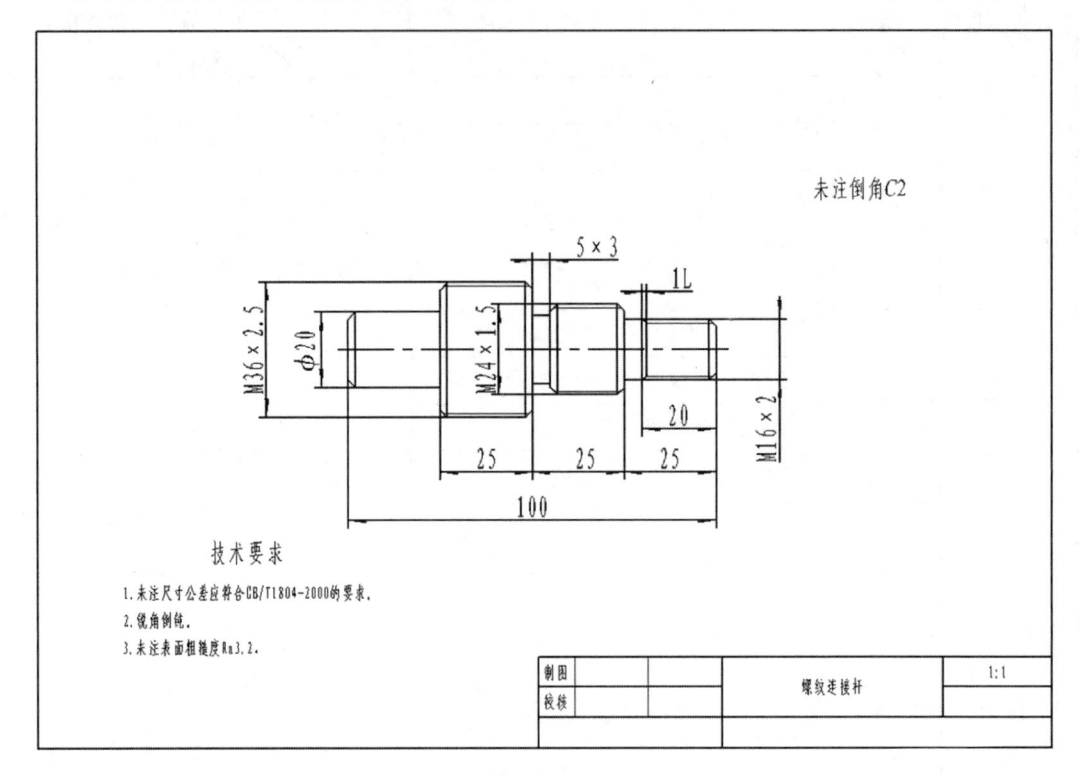

技术要求
1. 未注尺寸公差应符合GB/T1804-2000的要求。
2. 锐角倒钝。
3. 未注表面粗糙度Ra3.2。

螺纹连接杆 1:1

任务5　新能源汽车羊角轴的实践加工

任务导一导

★学习目标

1. 知识目标

（1）掌握G94指令格式及用法。

（2）熟悉车床零件调头加工的工艺过程。

（3）初步掌握加工零件尺寸的调整方法。

2. 技能目标

（1）能够进行螺纹轴类零件的加工。

（2）掌握零件总长控制的基本方法。

3. 思政目标

（1）培养学生的安全操作意识。

（2）培养学生的探索求知能力。

（3）培养学生的团结协作精神。

知识学一学

一、G94——端面切削循环指令

1. 应用

从切削点开始，轴向（Z轴）进刀、径向（X轴或X、Z轴同时）切削，实现端面或锥面切削循环，代码的起点或终点相同。该指令常用来平端面或取总长。

2. 代码格式

```
G94 X(U)_Z(W)_F_;
```

其中：

① G94为模态指令。

② X、Z为端面切削终点的绝对坐标。

③ U、W为端面切削终点相对端面切削起点的增量坐标。

④ F为进给速度。

3. 指令代码轨迹

G94指令代码轨迹如图4-5-1所示。

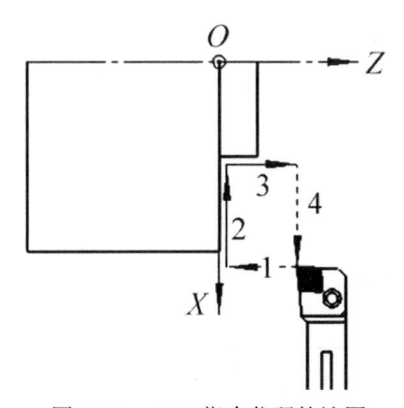

图4-5-1 G94指令代码轨迹图

4. 编程实例

如图4-5-2所示，已知毛坯总长超出理论值4.5mm，试用G94指令完成取总长。

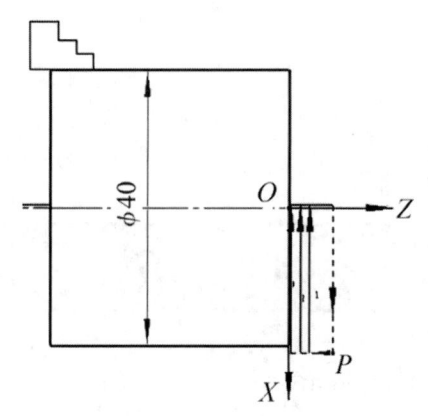

图 4-5-2 G94 指令编程举例

编写程序如下：

```
O0001;                  程序名
G99 G00 X200 Z100;      设定进给速度单位，将刀快速退到安全位置
M03 S600 T0101;         主轴正转，转速600r/min，调用第1号车刀、第1号刀补
G00 X42 Z2;             快速定位
G94 X-1 Z3 F0.2;        循环加工1，切削深度1.5mm
Z1.5;                   循环加工2，切削深度1.5mm
Z0F0.1;                 循环加工3，切削深度1.5mm
G00 X200 Z100 M5;       快速退刀到安全位置，主轴停转
M30;                    程序结束
```

5. 作业

如图4-5-3所示，已知毛坯总长超出理论值3.6mm，试用G94指令完成取总长。

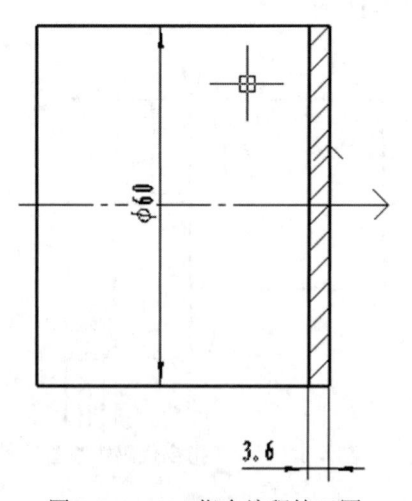

图 4-5-3 G94 指令编程练习图

二、980TDb 加工尺寸的保证

在加工过程中，由于设备、测量、刀具等误差造成加工出的零件尺寸不一定刚好在图纸要求的公差范围内，这就需要在加工过程中进行刀具补偿，从而保证零件尺寸符合图纸要求。

为了保证零件在第一次精加工后不会直接变小而报废，所以在加工开始前，先要在刀具补偿中将尺寸放大1mm，用于加工之后的尺寸修改。

下面以外圆刀为例。

选择相应刀具补偿号——按"U1"，然后单击"输入"按钮。

第一次精加工后，测量所需外圆尺寸，根据"大多少减多少"的原则，在相应的刀补号中输入"U－减小值"，然后将程序光标移动到精加工程序位置，选择"自动"选项，单击"运行"按钮，进行第二次精加工。加工完成后继续测量，修改刀补，直至尺寸符合公差要求。

例如，加工好外圆后比想要的尺寸大0.87mm，则在外圆刀补号中输入"U－0.87"。

切槽、螺纹加工一般不需要进行放大。切槽完成后如果尺寸偏大，则可直接修改刀补后重新运行切槽程序即可。

还有一种情况就是连续有几个尺寸，但是第一次粗加工后这几个的尺寸差不一致，这就需要在程序里面改变相应地方的尺寸。先要找到需要减去的最大尺寸，然后在其他的几个尺寸上加上它们相对的尺寸差值。

举例如下。

要求尺寸为30mm、28mm、24mm。

实际尺寸对应为30.85mm、28.75mm、24.83mm。

需要对应的U值-0.85、-0.75、-0.83。

这样的情况下，刀补输入U－0.85。

找到程序中的28尺寸，改为：28＋（0.85－0.75）=28.1。

找到程序中的24尺寸，改为：24＋（0.85－0.83）=24.02。

任务练一练

（1）完成35°仿形车刀、槽刀、螺纹车刀的实践对刀操作。

（2）完成新能源汽车羊角轴（螺纹轴）的加工。

（3）完成新能源汽车羊角轴（螺纹轴）零件的检测。

收获评一评

评价项目	配分	评价内容	综合评价			最终得分
			自评	互评	教师评价	
职业素养	30	迟到（5分）				
		早退（5分）				
		串岗（5分）				
		6S管理（5分）				
		认真完成任务（10分）				
专业能力（工序卡的编制）	70	35°仿形车刀对刀（10分）				
		外槽车刀对刀（10分）				
		外螺纹车刀对刀（10分）				
		取总长编程（10分）				
		尺寸测量准确（10分）				
		尺寸精度调整（10分）				
		取总长操作（10分）				
学习心得						
教师评语						最终成绩

能力拓一拓

编制下图所示零件的加工工序卡、程序，并进行模拟加工仿真和验证。

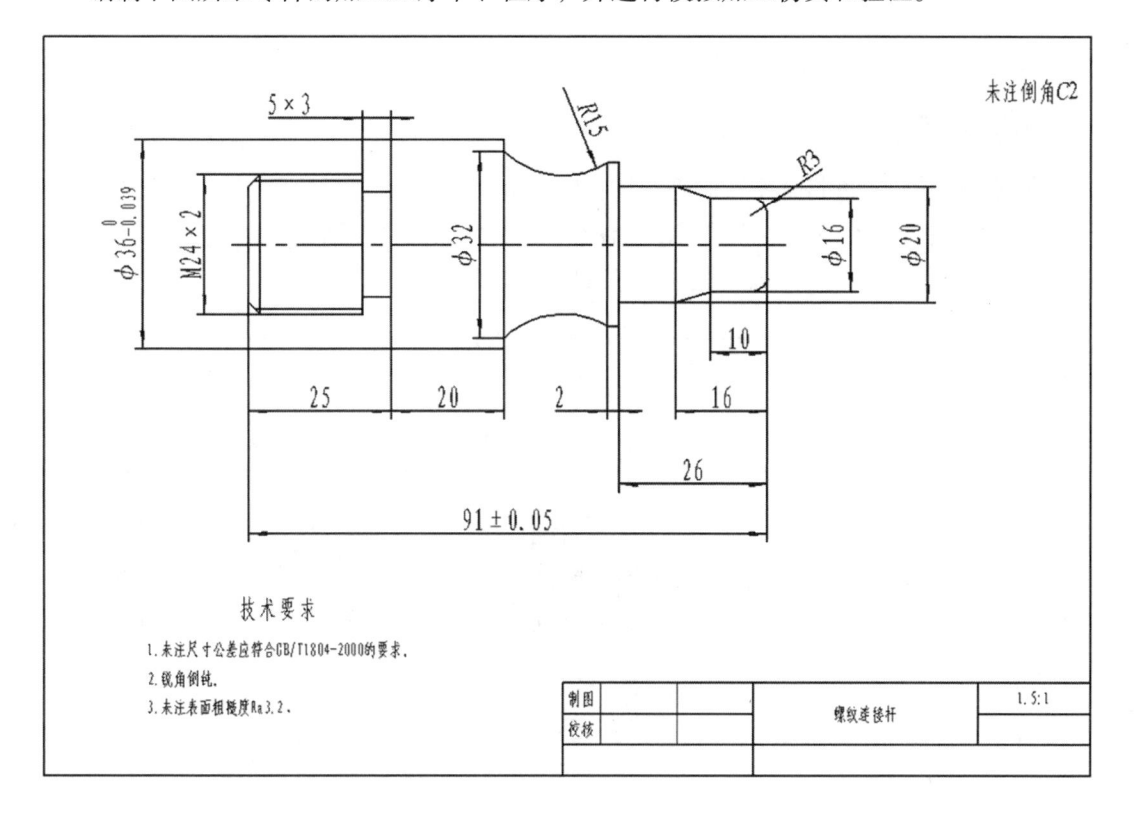

项目五 金刚石磨盘坯——盘类零件的编程与加工

【项目说明】

金刚石砂轮是一种将金刚石砂砾黏结在铝合金材料上的刃磨常用砂轮,由于外形灵活多变,制作方便,它在日常生产中被广泛使用。某公司接到某金刚石砂轮生产厂商的订单,需要生产该产品200件,请按照加工要求安排生产过程。

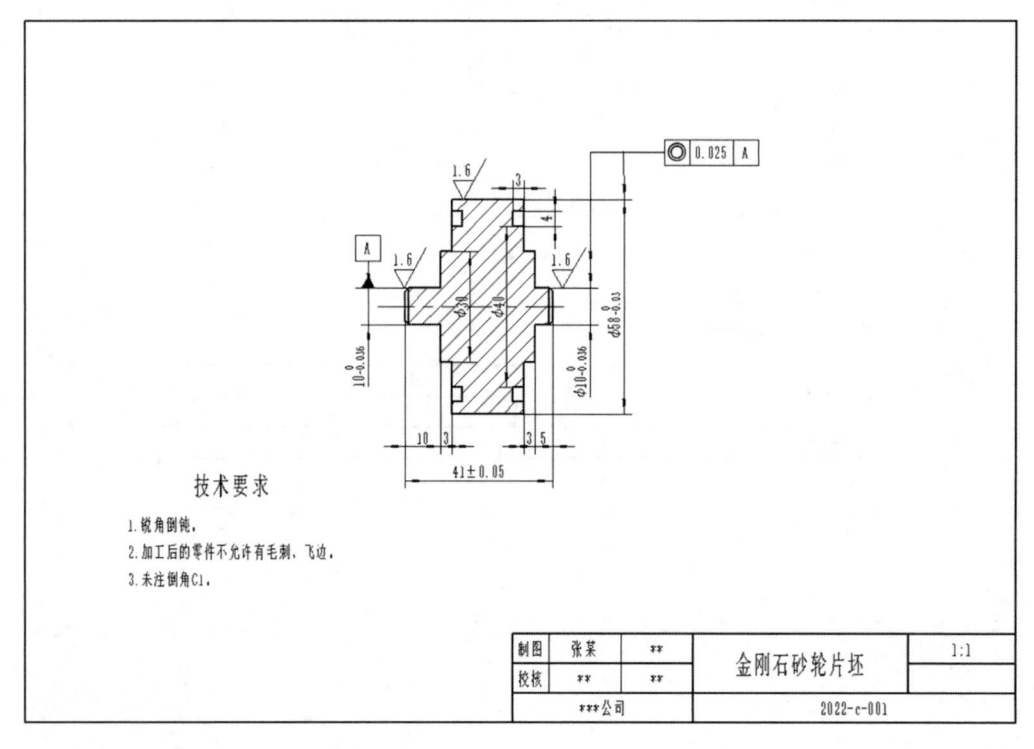

技术要求
1. 锐角倒钝。
2. 加工后的零件不允许有毛刺、飞边。
3. 未注倒角C1。

金刚石砂轮片坯

该项目将分为以下2项任务逐步进行。

任务1 盘类零件的编程与仿真

任务导一导

★学习目标

1. 知识目标
（1）熟悉盘类零件的车工加工工艺。
（2）掌握G72端面粗车复合循环指令格式及应用。
（3）掌握G74端面槽（深孔钻）车削复合循环指令格式及应用。

2. 技能目标
（1）能够独立编制盘类零件加工程序。
（2）掌握利用斯沃数控仿真软件进行端面槽零件加工程序验证。

3. 思政目标
（1）培养学生的规范化意识。
（2）培养学生的探索求知能力。
（3）培养学生的团结协作精神。
（4）培养学生精益求精的工匠精神。

知识学一学

一、G72—端面粗加工循环指令

1. 应用

G72与G71均为粗加工循环指令，而G72是沿着平行于X轴进行切削循环加工的，适用于圆柱棒料毛坯端面方向粗车。

2. 代码格式

```
G72  W (△d)  R(e)  F(f);
G72  P (ns)  Q(nf)  U(△u)  W(△w);
```

其中：
① G72：非模态指令。

② Δd：Z方向的切削深度，无正负号。

③ e：Z方向的退刀量，无正负号。

④ ns：精车轨迹的第一个程序段序号。

⑤ nf：精车轨迹的最后一个程序段序号。

⑥ Δu：X方向的精加工余量，为直径值。

⑦ Δw：Z方向的精加工余量。

⑧ F：切削进给速度。

3. 指令代码轨迹

G72指令代码轨迹如图5-1-1所示。

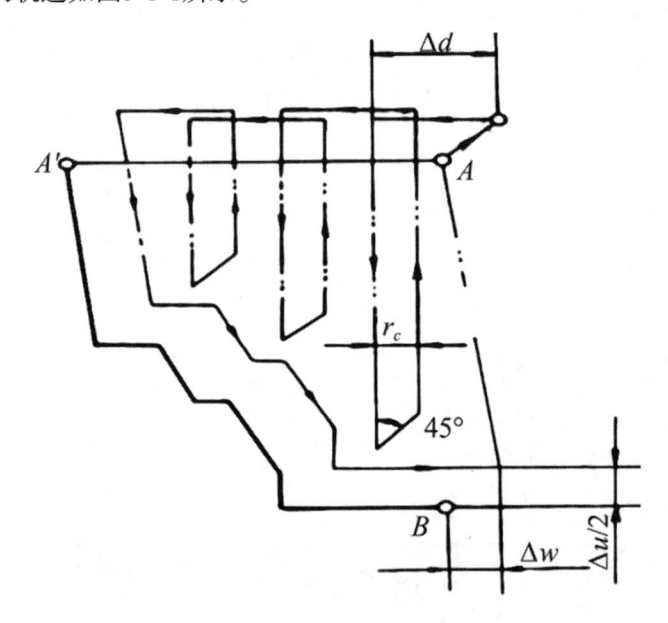

图 5-1-1　G72 指令代码轨迹图

4. 编程实例

试用G72指令编写如图5-1-2所示的飞轮盘工件粗车程序。

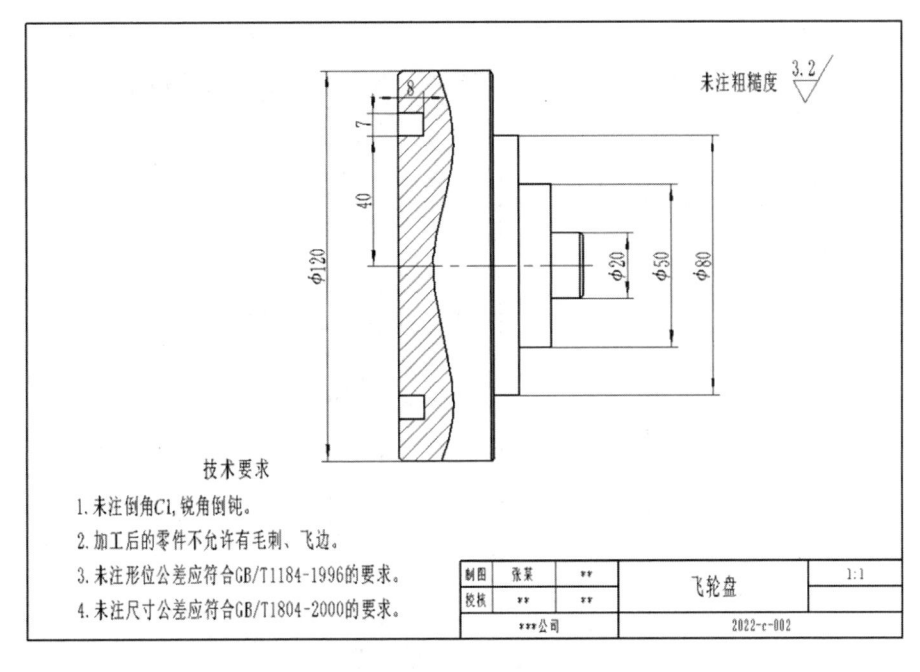

图 5-1-2　飞轮盘图纸

编写程序如下：

O0018;	程序名
M03 S600 T0101;	主轴正转，转速 600r/min，调用第 1 号车刀、第 1 号刀补
G99 G00 X156 Z2;	每转进给，快速定位
G72 W2 R1;	外圆粗车循环，给定加工参数
G72 P10 Q20 U0.4 W0.1 F0.2;	N10 到 N20 为循环部分轮廓
N10 G0Z-45;	定位
G01X125;	车 φ125 外圆
Z-30;	车 φ125 外圆
G02X115Z-25R5;	加工 R5 圆弧面
G01 X100;	车端面
G03 X90 Z-20 R5;	加工 R5 圆弧面
G01 Z-10;	车 φ90 外圆
X60;	车端面
Z0;	车 φ60 外圆
X0;	车端面
N20 G0 Z2.0;	退刀
G00 X200 Z100 M05;	刀退到安全位置，主轴停转
M30;	程序结束

5. G72 指令编程练习

试用G72指令编制如图5-1-3所示工件的粗加工程序（毛坯直径 ϕ90）。

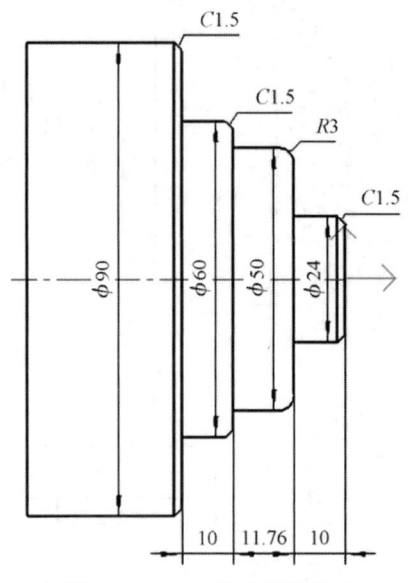

图 5-1-3　G72 指令编程练习

二、G74—端面（槽）多重循环指令

1. 应用

端面深孔钻或端面槽加工的循环指令。

2. 代码格式

```
G74R(e);
G74X(U)-Z(W)-P(Δi)Q(Δk)F;
```

其中：

① G74：非模态指令。

② e：每次沿Z方向切削Δk的退刀量。

③ X、Z：刀具切削终点的绝对坐标。

④ U、W：刀具切削终点相对切削起点的增量坐标。

⑤ Δi：X方向的每次循环进刀量，取直径值，单位为μm。

⑥ Δk：Z方向的每次循环进刀量，单位为μm。

⑦ F：进给速度。

3. 指令代码轨迹

G74指令代码轨迹如图5-1-4所示。

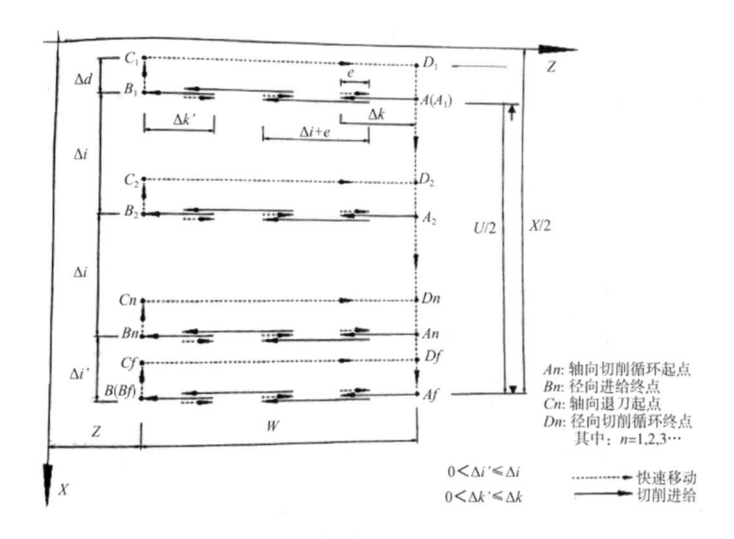

图 5-1-4 G74 指令代码轨迹图

4．编程实例

试用G74指令编写如图5-1-5所示的零件加工端面槽程序，端面槽刀具宽度为3mm。
编写程序如下：

程序	说明
O0001;	程序名
M03 S500 T0202;	主轴正转，转速300r/min，调用第2号车刀，第2号刀补
G99 G00 X37 Z5;	每转进给，快速定位
G74 R0.5;	端面槽加工循环，给定加工参数
G74 X20 Z-20 P2500 Q1000 F0.06;	Z轴每次进刀1mm，退刀0.5mm，进给刀终点（Z-20后，快速返回到起点（Z5），X轴每次进刀3mm，循环以上步骤继续进行
G00 X200 Z100 M05;	刀退到安全位置，主轴停转
M30;	程序结束

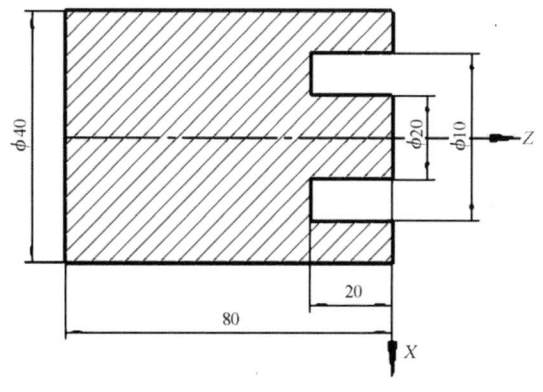

图 5-1-5 G74 指令编程实例

5. 编程练习

试用G74指令编制如图5-1-6所示零件的端面槽（毛坯直径 $\phi60$）。

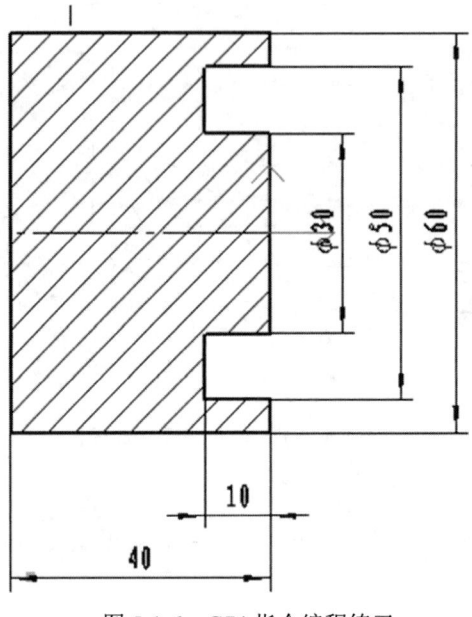

图 5-1-6　G74 指令编程练习

任务练一练

（1）编制金刚石砂轮坯（盘类零件）数控车床的加工工序卡。

（2）编制金刚石砂轮坯（盘类零件）粗、精加工程序。

（3）使用斯沃数控仿真软件对加工程序进行验证和改进。

收获评一评

评价项目	配分	评价内容	综合评价			最终得分
			自评	互评	教师评价	
职业素养	30	迟到（5分）				
		早退（5分）				
		串岗（5分）				
		6S管理（5分）				
		认真完成任务（10分）				
专业能力（工序卡的编制）	70	工序卡的编制（10分）				
		金刚石砂轮坯外形粗、精车程序编写（20分）				
		端面槽的加工程序（10分）				
		加工参数的合理性（10分）				
		仿真加工模拟（10分）				
		填写的规范性（10分）				
学习心得						
教师评语						最终成绩

能力拓一拓

按照下图要求，编写该零件的加工程序，并进行相应的模拟加工验证。

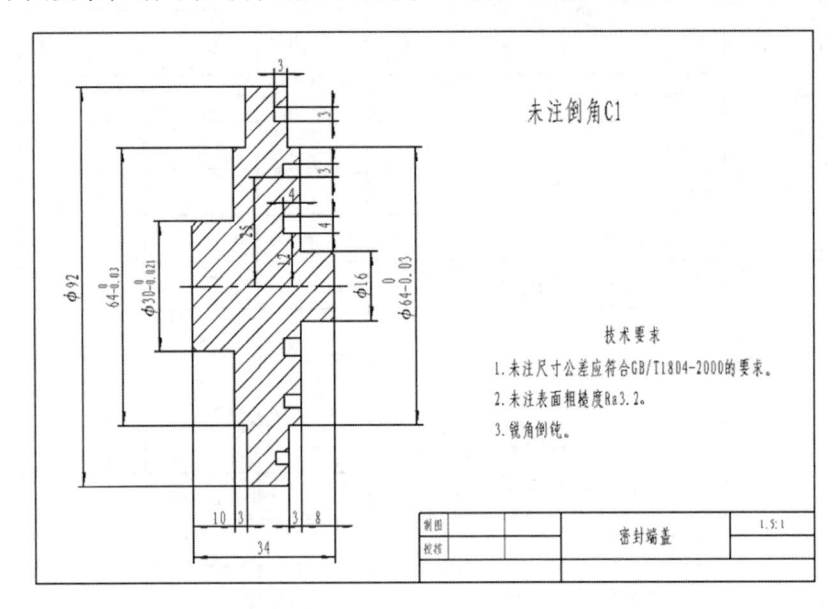

任务2　金刚石磨盘坯的实践加工

任务导一导

★学习目标

1. 知识目标

（1）熟悉端面槽刀的结构及装刀、对刀方式。
（2）熟悉盘类零件的加工工艺过程。
（3）初步掌握切削三要素对加工质量的影响。

2. 技能目标

（1）能够独立进行端面槽刀的对刀操作。
（2）能够进行盘类零件的加工。

3. 思政目标

（1）培养学生的安全操作意识。
（2）培养学生灵活处理问题的能力。

（3）培养学生勤于思考的精神。

知识学一学

一、端面槽刀参数及对刀

① 端面槽刀、端面槽刀正反刀外形分别如图5-2-1、图5-2-2所示。

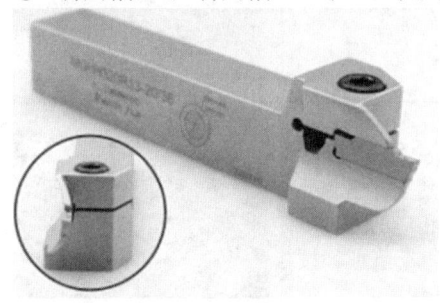

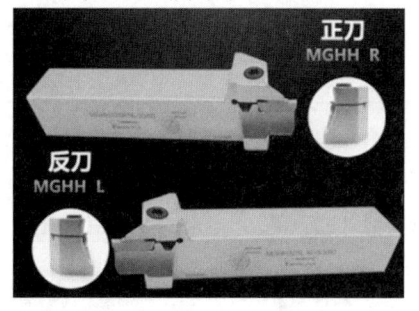

图 5-2-1　端面槽刀外形　　　　　　　图 5-2-2　端面槽刀正反刀外形

② 端面槽刀常用尺寸参数如表5-2-1所示。

表 5-2-1　端面槽刀常用尺寸参数

型号	刀片型号	刀方（mm）	L（mm）长度	Min（mm）切深	Max（mm）加工范围	Tmax（mm）	螺丝	扳手
MGHH216R/L08-20/36		16	100	8	20	36		
MGHH216R/L06-30/50		16	100	6	30	50		
MGHH216R/L10-30/50		16	100	10	30	50		
MGHH216R/L12-50/80		16	100	12	50	80		
MGHH216R/L12-50/80		16	100	12	50	80		
MGHH216R/L10-80/160		16	100	10	80	160		
MGHH216R/L13-80/160		16	100	13	80	160		
MGHH216R/13-160/400		16	100	13	160	400		
MGHH220R/L08-20/36		20	125	8	20	36		
MGHH220R/L10-30/50	MGMN200	20	125	10	30	50	M5×20	L5
MGHH220R/L10-50/80		20	125	10	50	80		
MGHH220R/L12-50/80		20	125	12	50	80		
MGHH220R/L12-80/160		20	125	12	80	160		
MGHH220R/L13-160/400		20	125	13	160	400		
MGHH225R/L08-20/36		25	150	8	20	36		
MGHH225R/L10-30/50		25	150	10	30	50		
MGHH225R/L12-50/80		25	150	12	50	80		
MGHH225R/L13-80/160		25	150	13	80	160		
MGHH225R/L15-160/400		25	150	15	160	400		
MGHH225R/L15-200/800		25	150	15	200	800		

③ 端面槽刀的对刀操作步骤如表5-2-2所示。

表 5-2-2 端面槽刀的对刀操作步骤

步骤	模拟图	操作步骤	系统界面
1. 对Z轴		主轴转速600r/min，手轮方式碰到工件端面，相应的刀具号按"Z0"，按"输入"按钮	
2. 对X轴		主轴转速600r/min，手轮方式碰到工件已测外圆尺寸，相应的刀具号按"X（测量值）"，按"输入"按钮	

二、切削三要素对加工的影响

切削三要素是切削速度、进给量和切削深度三者的总称，这三者又称为切削用量三要素。

① 切削速度对刀具寿命有非常大的影响。提高切削速度时，切削温度就会上升，从而使刀具寿命大幅缩短。加工不同种类、硬度的工件，切削速度会有相应的变化。

② 进给量是决定被加工表面质量的关键因素，同时也影响加工时切屑形成的范围和切屑的厚度。在对刀具寿命影响方面，进给量过小，后刀面磨损大，刀具寿命会大幅降低；进给量过大，切削温度升高，后刀面磨损也增大，但较之切削速度对刀具寿命的影响要小。

③ 切削深度的变化对刀具寿命影响不大，但切削深度过小时，会造成刮擦，只切削工件表面的硬化层，会缩短刀具寿命。当工件表面具有硬化的氧化层时，应在车床功率允许范围内选择尽可能大的切削深度，以避免刀尖只切削工件的表面硬化层，造成刀尖的异常磨损甚至破损。切削深度应根据零件的加工余量、形状、车床功率、刚性及刀具的刚性来确定。

任务练一练

（1）完成端面槽刀的实践对刀操作。

（2）完成金刚石磨盘坯（盘类零件）零件的实践加工。

（3）完成金刚石磨盘坯（盘类零件）零件的实践检测。

收获评一评

评价项目	配分	评价内容	综合评价			最终得分
			自评	互评	教师评价	
职业素养	30	迟到（5分）				
		早退（5分）				
		串岗（5分）				
		6S管理（5分）				
		认真完成任务（10分）				
专业能力（金刚石磨盘坯实践加工）	70	端面槽刀的对刀（20分）				
		金刚石磨盘坯外形的加工（20分）				
		端面槽的加工（10分）				
		金刚石磨盘坯指令检测（10分）				
		初步加工缺陷分析（10分）				
学习心得						
教师评语						最终成绩

能力拓一拓

编写下图所示的零件加工工序卡、程序,并进行模拟加工仿真和验证。

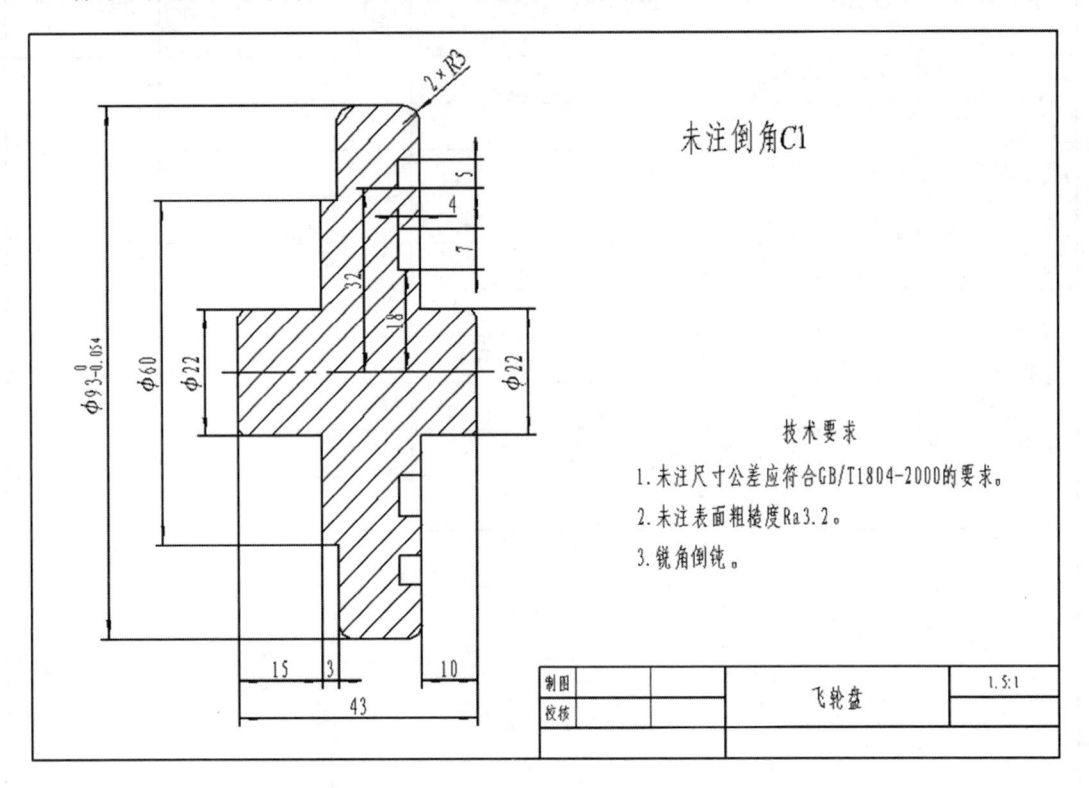

未注倒角C1

技术要求
1. 未注尺寸公差应符合GB/T1804-2000的要求。
2. 未注表面粗糙度Ra3.2。
3. 锐角倒钝。

飞轮盘 1.5:1

项目六　矿山机械轴套——套类零件的编程与加工

【项目说明】

套类零件是机械设备中常见的零部件。某公司接到某矿山机械设备厂商的订单,零件如图6-1所示,需要生产该产品200件,请按照加工要求安排生产过程。

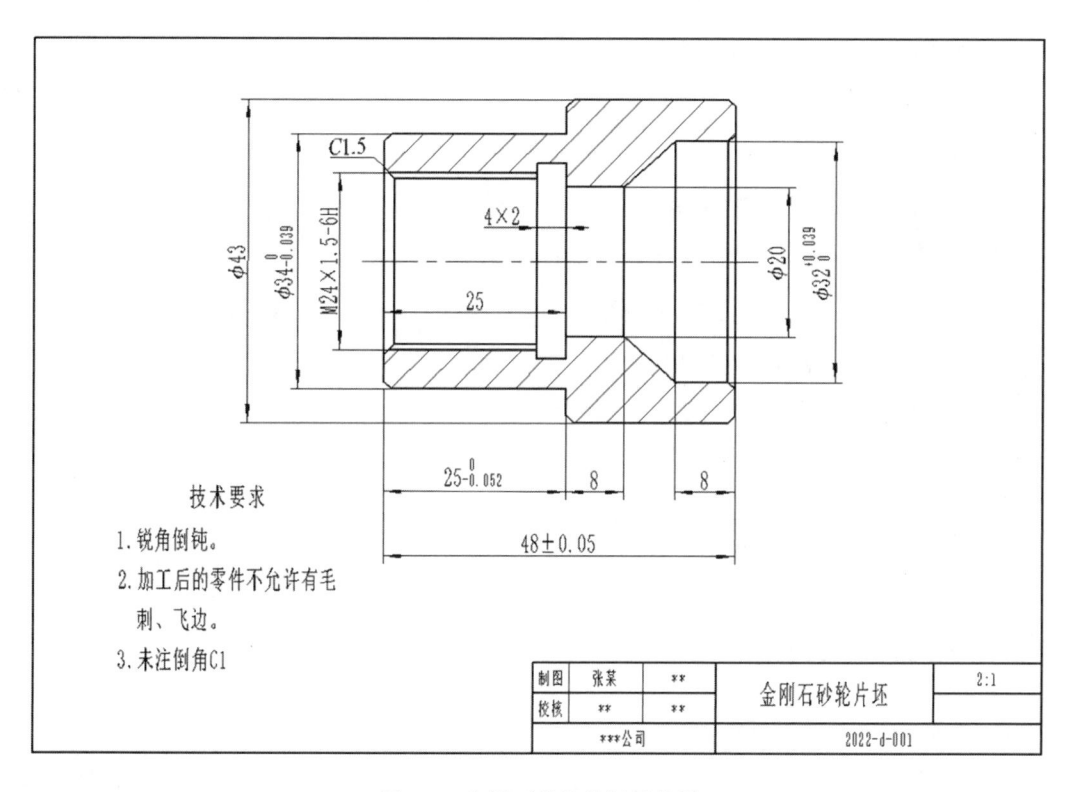

图 6-1　金刚石砂轮片坯零件图

该项目将分为以下5项任务逐步进行。

任务1 套类零件内腔的编程及仿真

任务导一导

★学习目标

1. 知识目标
（1）掌握数控车床的加工工序卡编制。
（2）掌握套类零件的加工工艺规划。
（3）掌握G71内孔程序的编制。

2. 技能目标
（1）能够熟练编制加工工序卡。
（2）能够独立编制套类零件的内外圆加工程序。

3. 思政目标
（1）培养学生的爱国主义精神。
（2）培养学生严谨细致的工作态度。
（3）培养学生的团结协作精神。

知识学一学

一、内孔加工工艺的讲解

1. 套类零件加工工艺顺序

内孔车削是常见的孔加工方法之一，一般车削孔精度可达IT7～IT8，部分高精度车床可以达到IT6，表面粗糙度可达Ra1.6～Ra3.2。套类零件一般有两种加工工艺顺序。

（1）外表面是重要表面的套类零件，其加工工艺顺序为粗车外圆——粗、精车内孔——精车外圆。

（2）内表面是重要表面的套类零件，其加工工艺顺序为粗加工内孔——粗、精车外圆——精车内孔。当然，加工工艺顺序并不是一成不变的，有些场合为了减少刀具的更换，在能够达到加工要求的情况下，也可以根据刀具更换情况时的加工工序进行适当调整。

车削内孔的关键技术就是解决内孔车刀刚性问题和内孔加工切屑排出困难问题，同学们在加工过程中要注意搜集解决问题的方法。

2. 内孔车刀

根据加工零件情况，车削内孔可以分为车盲孔和车通孔两种，常见的内孔车刀图片如图6-1-1所示。

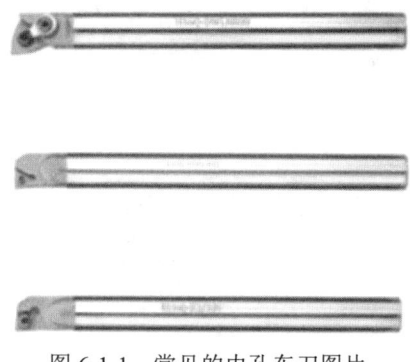

图 6-1-1　常见的内孔车刀图片

3．内孔车削加工路线的确定

数控车床加工套类零件时，首先应考虑刀具路线的安全性，即在进退刀过程中避免刀具与零件或夹具发生碰撞，其次再考虑进退刀加工路线的距离最短。加工套类零件内轮廓，由于刀具在工件内部进行切削加工，因此需要特别注意加工开始及结束时内孔刀具的位置，防止加工完成后与零件发生碰撞。加工编程进退刀常用路线图如图6-1-2所示。

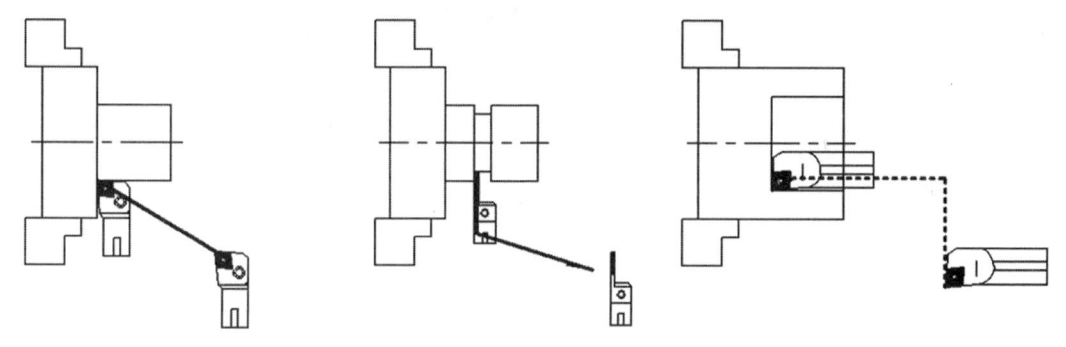

图 6-1-2　加工编程进退刀常用路线图

二、G71 粗车复合循环指令在加工内孔时的应用

1. 代码格式

```
G71U(Δd)R(e)F_;
G71P(ns)Q(nf)U(Δu)W(Δw);
```

其中：

① G71：非模态指令。

② Δd：X方向的切削深度，无正负号，为半径值。

③ e：X方向的退刀量，无正负号，为半径值。

④ ns：精车轨迹的第一个程序段序号。

⑤ nf：精车轨迹的最后一个程序段序号。

⑥ Δu：X方向的精加工余量，为直径值（在内孔加工时，该余量为负值）。

⑦ Δw：Z方向的精加工余量。

⑧ F：切削进给速度。

2. 编程实例

编写如图6-1-3所示零件的粗加工程序，采用G71指令。粗车切深为1mm，退刀量为0.5mm，X方向精车余量为0.5mm，Z方向精车余量为0mm。

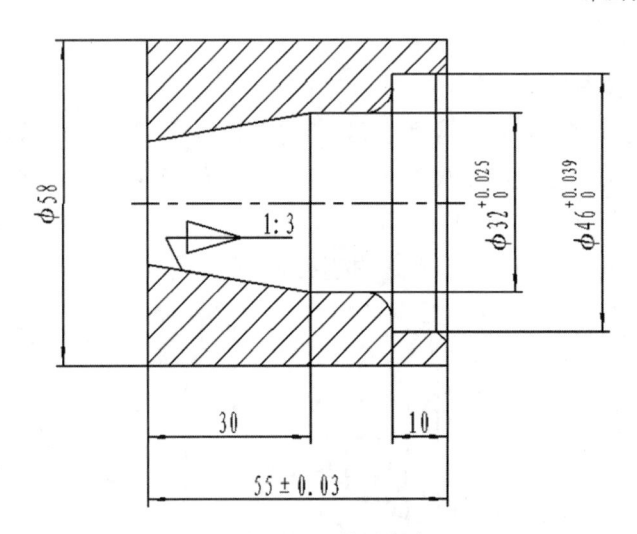

图 6-1-3 编写程序（1）

解：① 规划精加工路线，及求出节点坐标，如图6-1-4所示。

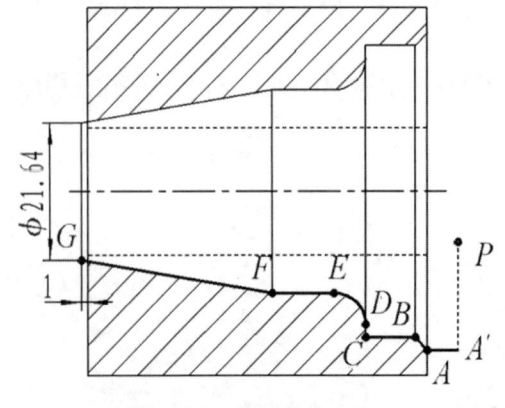

图 6-1-4 编写程序（2）

$P(16,2)$ $A'(50,2)$ $A(50,0)$ $B(46,-2)$ $C(46,-10)$ $D(42,-10)$ $E(32,-15)$
$F(32,-25)$ $G(21.64,-56)$

② 编写程序：

```
O1234;                       程序名
M03 S600 T0101;              主轴正转，500r/min，调用第1号车刀、第1号刀补
G99 G00 X16 Z2 M08;          设定进给速度单位快速定位，开切削液
G71 U1 R0.5 F0.2;            外圆粗车循环，给定加工参数
G71 P10 Q20 U-0.5 ;          U为负数，代表为内孔加工，余量为0.5mm
N10 G00 X50;
G01 Z0 F0.1;
X46 Z-2;
Z-10;
X42;
G02 X32 Z-15 R5;
G01 Z-25;
X21.64 Z-56;
N20 G00 X18;
G00 Z100 M09;                刀退Z轴，冷却液停止
X150 M05;                    刀退X轴，主轴停转
M00;                         程序暂停
M03 S800 T0101;
G00 X16 Z2 M08;
G70 P10 Q20;
G00 Z100;
X200;
M30;
```

任务练一练

（1）完成矿山机械轴套（套类零件）数控车床加工工序卡的编制。

（2）完成矿山机械轴套内轮廓的粗、精车编程。

（3）完成矿山机械轴套内轮廓的粗、精车仿真加工验证。

（4）完成矿山机械轴套内轮廓的粗、精车仿真测量及程序调整。

收获评一评

评价项目	配分	评价内容	综合评价			最终得分
			自评	互评	教师评价	
职业素养	30	迟到（5分）				
		早退（5分）				
		串岗（5分）				
		6S管理（5分）				
		认真完成任务（10分）				
专业能力（内腔的编程与仿真）	70	套类零件加工工艺的安排（20分）				
		内轮廓的加工编程（20分）				
		外轮廓的加工编程（10分）				
		内外轮廓模拟加工仿真（20分）				
学习心得						
教师评语						最终成绩

能力拓一拓

编写下图所示的零件加工工序卡、程序,并进行模拟加工仿真和验证。

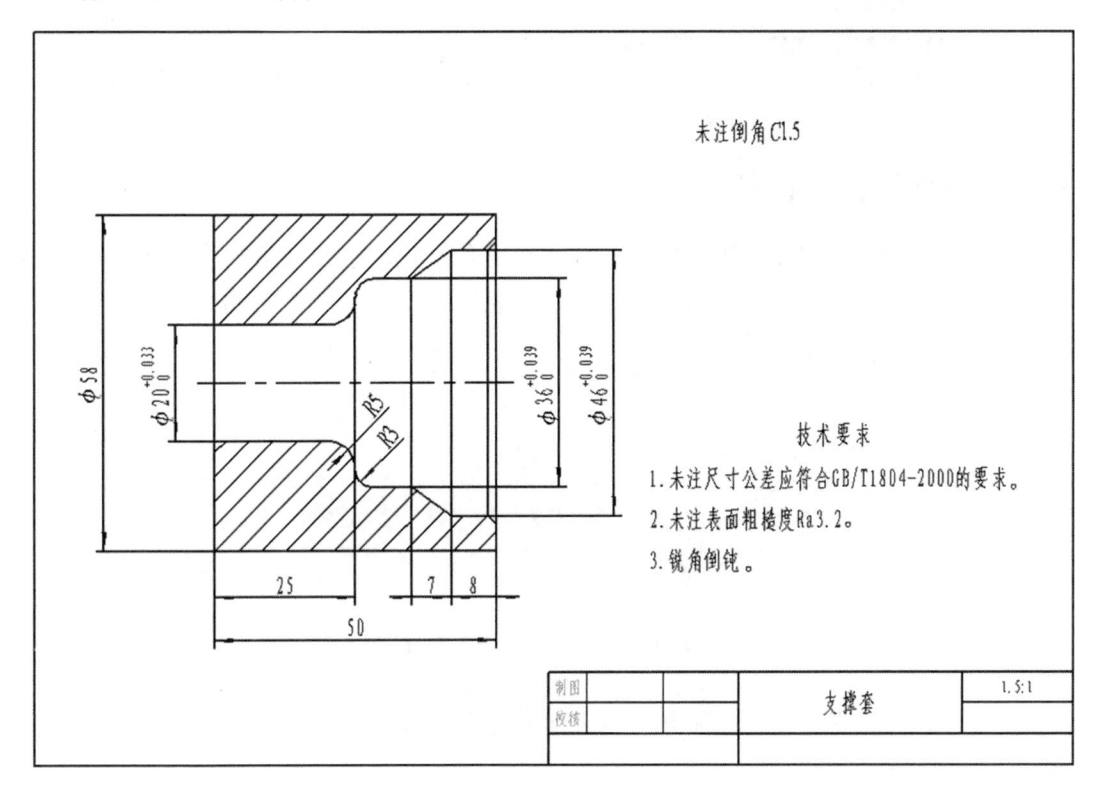

未注倒角C1.5

技术要求
1. 未注尺寸公差应符合GB/T1804-2000的要求。
2. 未注表面粗糙度Ra3.2。
3. 锐角倒钝。

支撑套　　1.5:1

任务2　内槽的编程及仿真

任务导一导

★学习目标

1. 知识目标
（1）掌握G75加工内槽的编程方法。
（2）熟悉内槽的模拟验证方法。

2. 技能目标
（1）能够熟练编写内槽的加工程序。
（2）能够独立对内槽进行仿真加工模拟。

3. 思政目标

（1）培养学生努力创新的学习品质。

（2）培养学生严谨细致的工作态度。

（3）培养学生的团结协作精神。

知识学一学

一、内槽加工工艺的讲解

内槽加工一般是在内轮廓加工完成后、内螺纹车削前进行。内槽车削过程中应注意的问题基本上与内轮廓的加工问题一样，编程应注意进退刀方式，防止碰撞；加工过程中要注意刀具刚性和切屑排出问题。常见的内槽车刀图如图6-2-1所示，内槽车刀选择时需要注意可以进入底孔的大小、刀具宽度及切深。

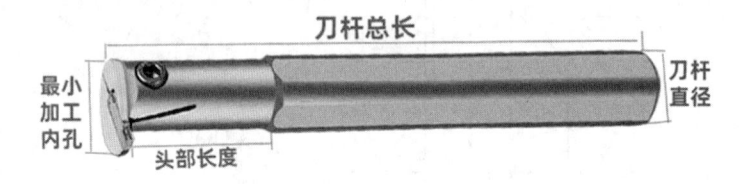

图 6-2-1　常见的内槽车刀图

二、G75 切槽循环指令在加工内槽时的应用

1. 指令格式

```
G00 X_ Z_ ;(定位点)
G75R(e);
G75X(U)-Z(W)-P(Δi)Q(Δk)F;
```

G75为非模态指令，其中：

① 定位点：在加工内槽时，定位点要小于内孔直径。

② e：每次沿X方向切削Δi的退刀量。

③ X、Z：刀具切削终点的绝对坐标。

④ U、W：刀具切削终点相对切削起点的增量坐标。

⑤ Δi：X方向的每次循环进刀量，取直径值，单位为μm。

⑥ Δk：Z方向的每次循环进刀量，单位为μm。

2. 编程实例

试用G75指令编写如图6-2-2所示内槽的加工程序，假设内孔已经加工完毕，只需加工内槽即可，内槽刀宽3mm，直径小于25mm。

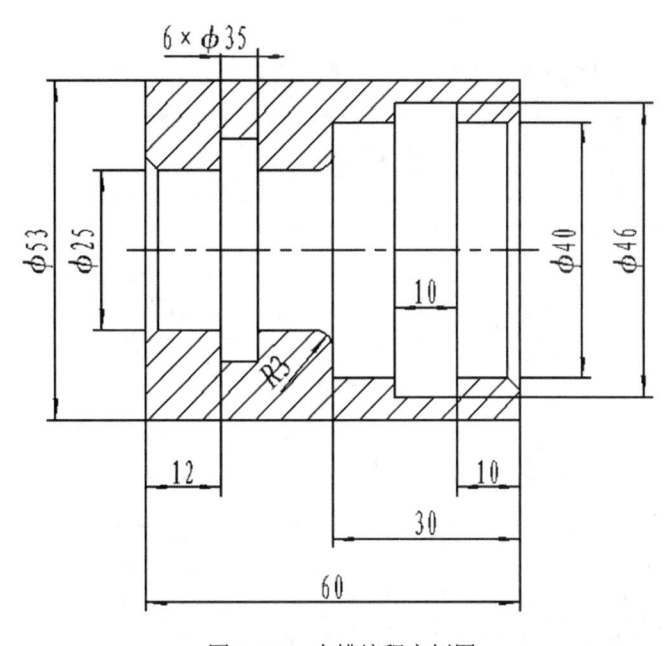

图 6-2-2　内槽编程实例图

编写程序：

O0001;	程序名
M03 S500 T0101;	主轴正转，速度500r/min，调用第1号车刀，第1号刀补
G99 G00 X38 Z2;	快速定位
Z-13;	快速定位
G75 R0.5;	切槽加工循环，给定加工参数
G75 X46 Z-20 P1000 Q2500 F0.12;	
G00 X23;	第二个槽X定位
Z-45;	第二个槽Z定位
G75 R0.5;	
G75 X35 Z-48 P1000 Q2500 F0.12;	
G00 Z100;	Z轴退刀
X200 M05;	X轴退刀
M30;	程序结束

任务练一练

（1）完成矿山机械轴套（套类零件）内槽的编程操作。
（2）完成矿山机械轴套（套类零件）内槽的加工仿真。
（3）完成矿山机械轴套（套类零件）内槽的仿真测量及程序调整。

收获评一评

评价项目	配分	评价内容	综合评价			最终得分
			自评	互评	教师评价	
职业素养	30	迟到（5分）				
		早退（5分）				
		串岗（5分）				
		6S管理（5分）				
		认真完成任务（10分）				
专业能力（内槽的编程与仿真）	70	内槽加工编程G75的使用（20分）				
		内槽加工参数的使用选择（20分）				
		内槽加工仿真（10分）				
		内槽加工及编程的注意事项（20分）				
学习心得						
教师评语						最终成绩

能力拓一拓

编写下图所示的零件加工工序卡、程序,并进行模拟加工仿真和验证。

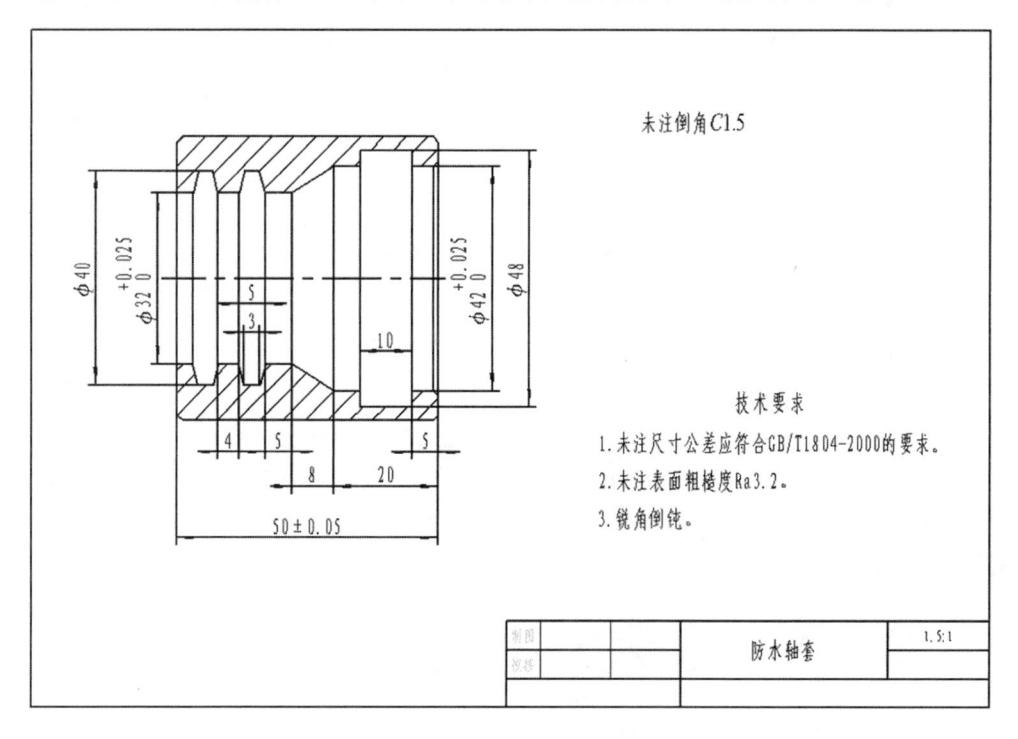

技术要求
1. 未注尺寸公差应符合GB/T1804-2000的要求。
2. 未注表面粗糙度Ra3.2。
3. 锐角倒钝。

防水轴套　1.5:1

任务3　内螺纹的编程及仿真

任务导一导

★学习目标

1. 知识目标
(1)掌握内螺纹编程参数的计算方法。
(2)掌握G76编制内螺纹加工程序。
(3)熟悉内螺纹的加工工艺过程。

2. 技能目标
(1)能够熟练编写内螺纹加工程序。
(2)能够独立对内螺纹进行仿真加工模拟。

3. 思政目标

（1）培养学生的爱国主义精神。

（2）培养学生严谨细致的工作态度。

（3）培养学生的团结协作精神。

知识学一学

一、内螺纹加工工艺

内螺纹加工一般紧跟在内槽加工完成后进行。应特别注意内螺纹一般标注为大径尺寸，即为内螺纹牙底尺寸，因此内螺纹加工位置应注意计算底孔小径值，即内螺纹底孔直径需要经过计算，并且需要考虑相应的膨胀系数。计算公式与外螺纹小径计算一致，膨胀系数需要放大0.1～0.2mm。

内螺纹车削过程中应注意的问题基本上与内轮廓的加工问题一样，编程应注意进退刀方式，防止碰撞；加工过程中要注意刀具刚性和切屑排出问题。内螺纹车刀选择时需要注意可以进入底孔的大小。刀具所能够加工螺纹牙型深度及导程参数，常见的内螺纹车刀图如图6-3-1所示。

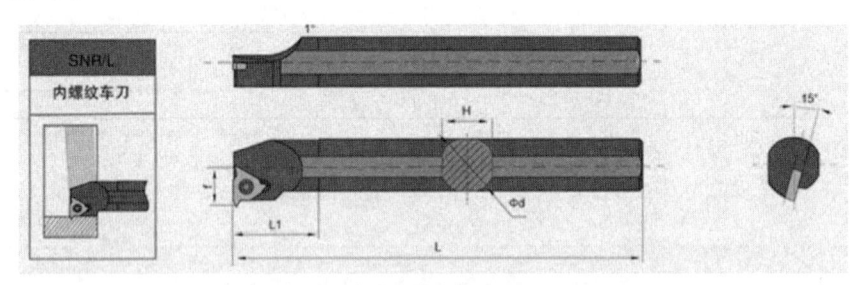

图 6-3-1　常见的内螺纹车刀图

二、G76螺纹切削复合循环指令在加工内螺纹时的应用

1. 指令格式

```
G00 X_ Z_ ;
G76P(m)(r)(α)Q(Δdmin)R(d);
G76X(U)Z(W)R(i)P(k)Q(Δd)F(L);
```

G76为模态指令，其中：

① 定位点：在加工内螺纹时，定位点要小于内孔直径。

② m：精车重复次数，从1～99。

③ r：螺纹尾端倒角值，该值的大小可设置在0.0L～9.9L范围内，系数应为0.1的整数

倍，用00~99范围内的两位整数来表示，其中L为螺距。

④ α：刀具角度，可从80°、60°、55°、30°、29°、0°六个角度中选择。

⑤ $\Delta d\min$：最小切削深度，用半径值表示，单位为μm。

⑥ d：精车余量，用半径值表示，单位为mm。

⑦ $X(U)$、$Z(W)$：螺纹终点坐标值。

⑧ i：螺纹锥度值，$i=(X起点-X终点)/2$，若$i=0$，则为直螺纹。

⑨ k：牙高，用半径值表示，$k=1300P/2$，P为螺距，单位为μm。

⑩ Δd：第一刀切入量，用半径值表示，单位为μm。

⑪ L：螺纹的导程，$L=nP$，n为螺纹头数，P为螺纹螺距。

2. 编程实例

试用G76指令编写如图6-3-2所示内螺纹的加工程序，并计算该内螺纹的底孔直径。

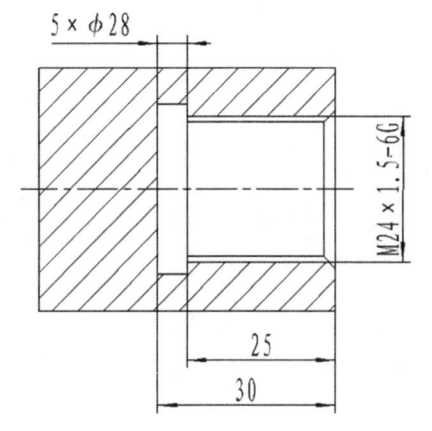

图6-3-2 内螺纹编程实例图

该内螺纹底孔直径为：24-1.3×1.5+0.2=22.25mm

编写内螺纹加工程序：

```
O0001;                                程序名
M03 S500 T0101;
G00 X20 Z5;                           快速定位，考虑空刀导入量
G76 P020060 Q80 R0.05;
G76 X24 Z-27 P975 Q250 F1.5;          牙高为975μm；第一刀切入量为250μm；导程为1.5
G00 Z100;
X150 M05;                             刀退到安全位置，主轴停转
M30;
```

任务练一练

(1)完成矿山机械轴套(套类零件)内螺纹的编程。
(2)完成矿山机械轴套(套类零件)内螺纹的加工仿真。
(3)完成矿山机械轴套(套类零件)内螺纹的仿真测量及程序调整。

收获评一评

评价项目	配分	评价内容	综合评价			最终得分
			自评	互评	教师评价	
职业素养	30	迟到(5分)				
		早退(5分)				
		串岗(5分)				
		6S管理(5分)				
		认真完成任务(10分)				
专业能力(内螺纹的编程及仿真)	70	内螺纹编程的参数计算(20分)				
		内螺纹加工编程G92的使用(20分)				
		内螺纹加工编程G76的使用(20分)				
		内螺纹加工仿真(10分)				
学习心得						
教师评语						最终成绩

能力拓一拓

编写下图所示的零件内螺纹加工程序,并进行模拟加工仿真和检验。

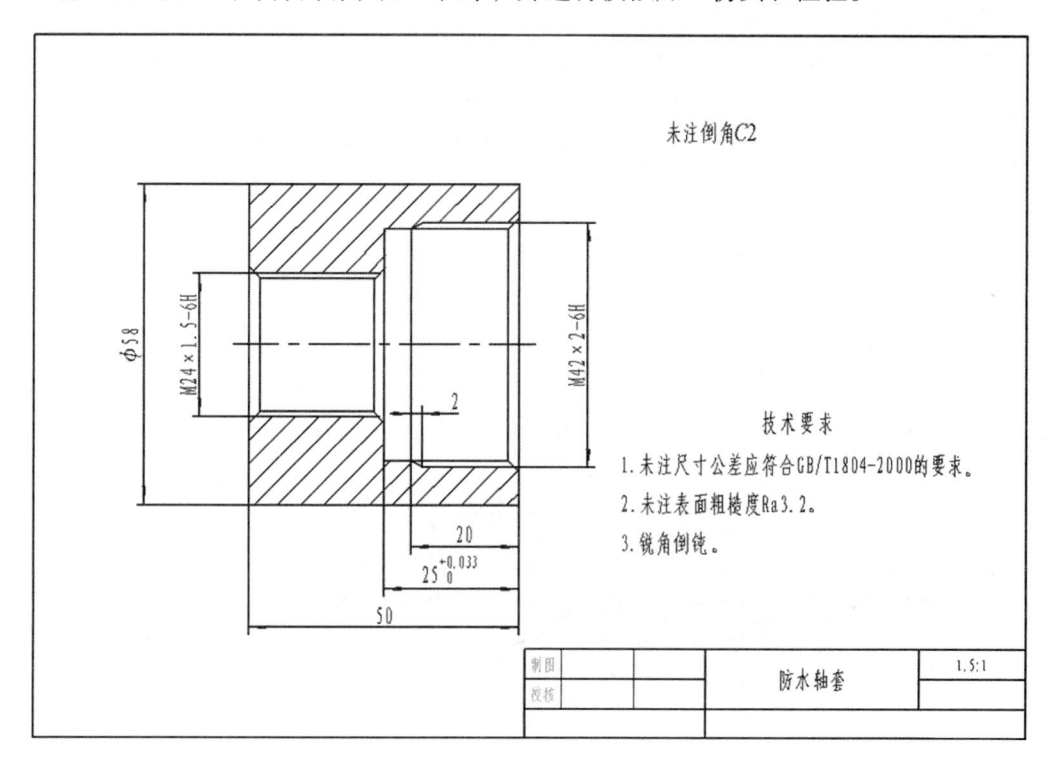

技术要求
1. 未注尺寸公差应符合GB/T1804—2000的要求。
2. 未注表面粗糙度Ra3.2。
3. 锐角倒钝。

未注倒角C2

防水轴套　1.5:1

任务4　矿山机械轴套的实践加工

任务导一导

★学习目标

1. 知识目标

(1) 掌握钻孔加工工艺。
(2) 熟悉套类零件加工工艺过程。
(3) 初步了解加工零件内壁质量的控制方法。

2. 技能目标

(1) 能够正确进行钻孔加工。
(2) 掌握套类零件的加工操作。

（3）能够正确测量套类零件的内部尺寸。

3．思政目标

（1）培养学生的安全操作意识。

（2）培养学生的探索求知能力。

（3）培养学生的团结协作精神。

知识学一学

一、钻孔加工工艺

1．麻花钻的介绍

麻花钻是通过其相对固定轴线的旋转切削以钻削工件的圆孔的工具，因其容屑槽呈螺旋状，形似麻花而得名。标准的麻花钻由柄部、颈部、扁尾和工作部分组成，如图6-4-1所示。

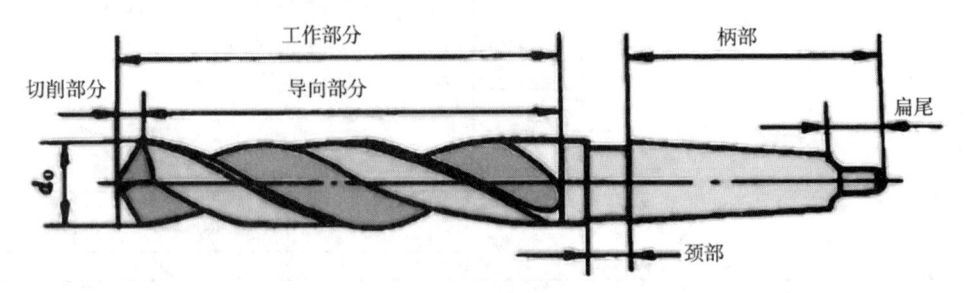

图 6-4-1　麻花钻的组成

（1）麻化钻外形。

日常我们在金属切削加工过程中常用的钻头，根据加持方式的不同可以分为直柄和锥柄。一般在车床尾座上使用的麻花钻，在12mm以下为直柄，在12mm以上为锥柄，形状如图6-4-2和图6-4-3所示。

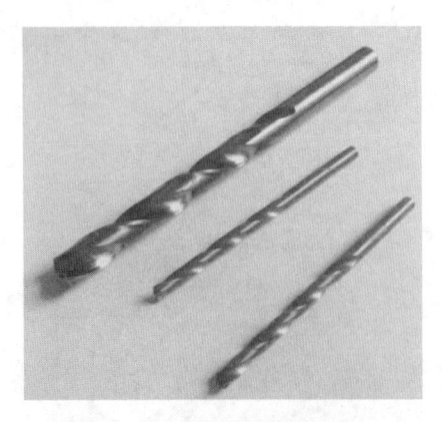

图 6-4-2　麻花钻外形（1）

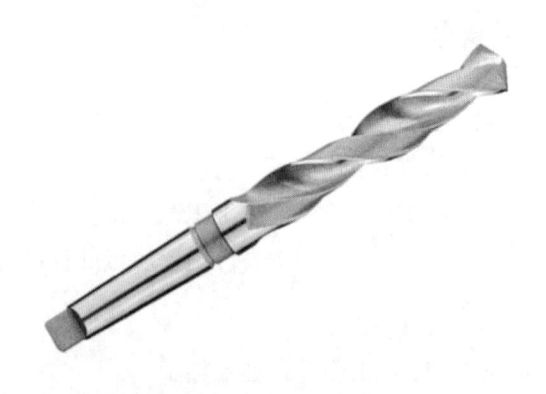

图 6-4-3　麻花钻外形（2）

直柄麻花钻在使用时，一般要配合钻夹头，结构形式如图6-4-4所示。

图 6-4-4　结构形式

锥柄麻花钻在使用时，一般需要与尾座配套的锥柄模式锥套使用，锥套规格如图6-4-5～图6-4-7所示。

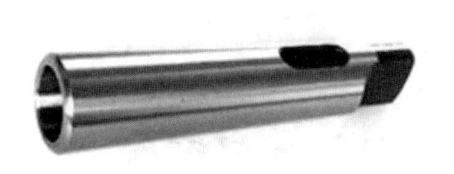

图 6-4-5　锥套规格（1）

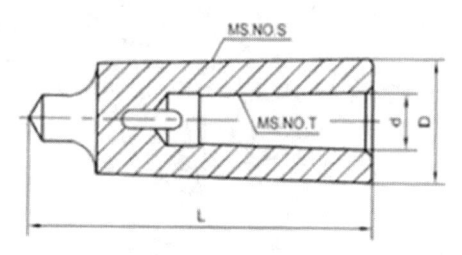

图 6-4-6　锥套规格（2）

型号 Model MS.NO.S- MS.NO.T	D(mm)	d(mm)	L(mm)	重量 Wt(kg)	精度 Accuracy
1-0	13	9.045	80	0.10	0.015
2-1	18.6	12.065	92	0.10	
3-1	24.1		99	0.24	
3-2	24.7	17.780	112	0.12	
4-1	31.6	12.065	124	0.60	
4-2		17.780		0.50	
4-3	32.4	23.825	140	0.38	
5-1	44.7	12.065	156	1.59	
5-2		17.780		1.49	
5-3		23.825		1.36	
5-4	45.5	31.267	171	0.95	
6-1	63.8	12.065	218	3.84	0.02
6-2		17.780		3.73	
6-3		23.825		3.85	
6-4		31.267		3.12	
6-5		44.399		1.95	

图 6-4-7　锥套规格（3）

（2）麻花钻钻头形状如图6-4-8～图6-4-10所示。

— 127 —

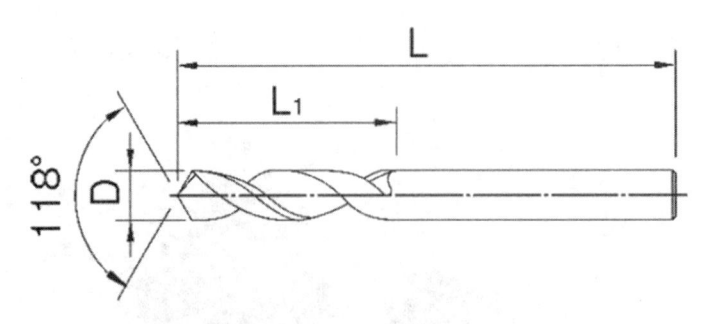

图 6-4-8　麻花钻钻头形状（1）

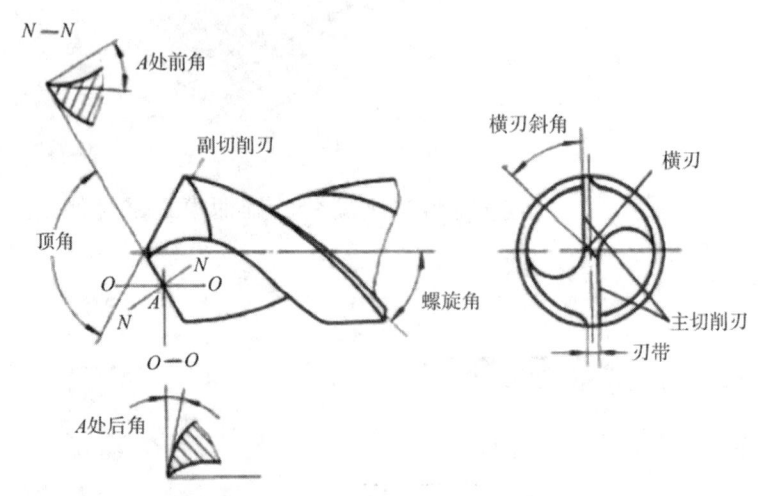

图 6-4-9　麻花钻钻头形状（2）　　　图 6-4-10　麻花钻钻头形状（3）

为了优化钻削加工效果，我们常常还将钻尖刃磨成如表6-4-1所示的5种形式。

表 6-4-1　钻尖刀磨成的形式和用途特点

钻尖形式	用途特点
A型	自定心效果好，进给力小
B型	耐挤压，适合在较硬的材料中打孔使用，适合用于扩孔及热处理钢加工
C型	自定心好，进给力小，适合用于较为坚硬的材料及深孔加工
D型	受冲击力性能好、便于散热，适合用于铸铁、铸钢的加工
E型	定位性能好，钻孔直线度好，适合用于木头、塑料、有色金属等材质较软的材料

2. 钻孔操作

钻孔切削属于材料内部加工，钻头的切削刃工作部分始终处于一种半封闭状态，造成工作过程中产生的切屑、切削热难以排出，冷却液难以进入，从而造成工作部分温度很高。由于钻头直径部分，手动被加工零件孔径的限制，为了便于排屑，一般在其上面开出排屑螺旋槽，从而导致钻头本身强度降低。钻头由于横刃的存在，其钻削定心能力较差，钻削材质不均匀的材料进入时容易引偏，造成孔径扩大，且由于切削速度较低，加工表面质量较差，因此在钻削加工过程中，定心、排屑和冷却是需要考虑的主要问题，尤其是深孔加工，更需要合理的加工工艺。在金属钻削加工过程中，直径大于$\phi16$的孔，我们一般采取扩钻的工艺，即先使用小钻头钻孔，后逐步扩大钻头直径钻至所需直径的工艺方式（一般来讲，钻头直径越大，相同切削速度的情况下对应的主轴转速越低）。

$\phi20$孔参考加工工艺顺序如下。

（1）S800钻A3中心孔。
（2）S250钻$\phi12$底孔。
（3）S180钻$\phi20$孔。

二、内孔、内槽、内螺纹车刀的安装及对刀

内孔车刀的安装及对刀、内槽、内螺纹车刀的安装及对刀的介绍如表6-4-2所示。

表6-4-2 安装及对刀的介绍

内孔车刀的安装及对刀			
步骤	模拟图	操作步骤	系统界面
1. 对Z轴		主轴转速600r/min，手轮方式碰到工件端面，相应的刀具号按"Z0"，按"输入"按钮	
2. 对X轴		主轴转速600r/min，手轮方式正向切入内孔，并反向退出，测量内孔直径，相应的刀具号按"X（测量值）"，按"输入"按钮	

（续表）

步骤	模拟图	操作步骤	系统界面
\multicolumn{4}{内槽车刀的安装及对刀}
1. 对Z轴		主轴转速600r/min，手轮方式碰到工件端面，相应的刀具号按"Z0"，按"输入"按钮	
2. 对X轴		主轴转速600r/min，手轮方式碰到工件已测内孔尺寸，相应的刀具号按"X（测量值）"，按"输入"按钮	
\multicolumn{4}{内螺纹车刀的安装及对刀}
1. 对Z轴		主轴转速600r/min，手轮方式碰到工件端面，相应的刀具号按"Z0"，按"输入"按钮	
2. 对X轴		主轴转速600r/min，手轮方式碰到工件已测外圆尺寸，相应的刀具号按"X（测量值）"，按"输入"按钮	

任务练一练

（1）完成内孔车刀、内槽车刀及内螺纹车刀的安装。
（2）完成矿山机械轴套（套类零件）零件的钻孔操作。
（3）完成矿山机械轴套（套类零件）零件的实践加工。
（4）完成新能源汽车羊角轴（螺纹轴）零件的实践检测。

收获评一评

评价项目	配分	评价内容	综合评价			最终得分
			自评	互评	教师评价	
职业素养	30	迟到（5分）				
		早退（5分）				
		串岗（5分）				
		6S管理（5分）				
		认真完成任务（10分）				
专业能力（套类零件的实践加工）	70	内加工刀具的安装（10分）				
		内孔车刀对刀（10分）				
		内槽车刀对刀（10分）				
		内螺纹车刀对刀（10分）				
		钻孔操作（10分）				
		内轮廓的尺寸检测（10分）				
		零件质量的分析及改进（10分）				
学习心得						
教师评语						最终成绩

能力拓一拓

编写下图所示的零件加工工序卡、程序，并进行模拟加工仿真和检验。

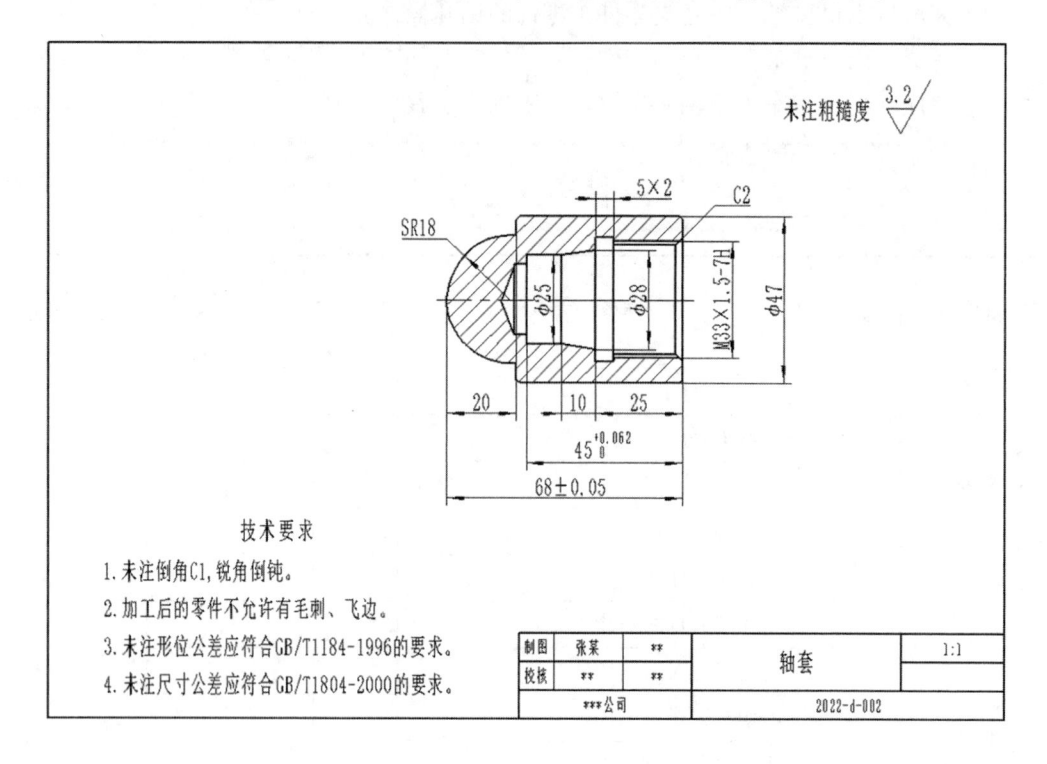

技术要求
1. 未注倒角C1，锐角倒钝。
2. 加工后的零件不允许有毛刺、飞边。
3. 未注形位公差应符合GB/T1184-1996的要求。
4. 未注尺寸公差应符合GB/T1804-2000的要求。

项目七　数控车床中级工技能等级考试实例

任务 1　数控车床中级职业技能鉴定样题 1

试编制如图7-1-1所示零件的数控车床加工程序，毛坯为 $\phi60\times105\,mm$ 的#45钢，并上机进行加工实操。

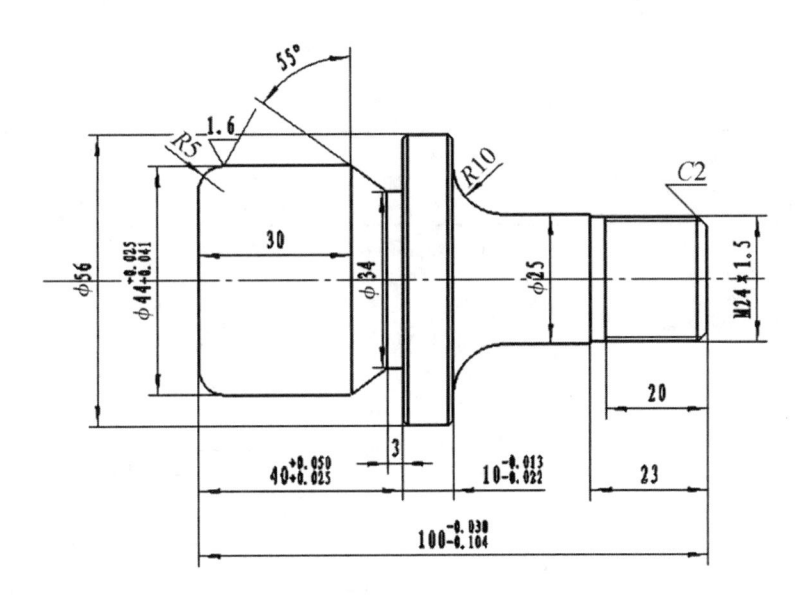

图 7-1-1　编制程序

1. 刀具列表

序号	刀具号	刀具名称	刀具图片	备注
1	T0101	93°外圆刀		
2	T0202	35°仿形刀		
3	T0404	60°外螺纹刀		

2. 加工工艺步骤

步骤1：加工零件左半部分

序号	工艺路线	加工方式	刀具号	备注
1	装夹棒料伸出长30mm，车夹位，平端面	手动	T0101	
2	调头装夹夹位伸出长60mm左右，平端面取总长	G94	T0101	
3	粗车外圆至φ56尺寸结束并延长1mm	G73	T0202	
4	精车外圆至φ56尺寸结束并延长1mm	G70	T0202	

步骤2：加工零件右半部分

序号	工艺路线	加工方式（指令）	刀具号	备注
1	装夹φ44，φ56尺寸靠紧卡盘口	手动		
2	粗车外圆到φ48尺寸倒角并外延长1mm	G71	T0101	
3	精车外圆到φ48尺寸倒角并外延长1mm	G70	T0101	
4	车M24×1.5外螺纹	G76	T0303	

3. 项目评分表

考件编号：　　　　　　姓名：

总分：

（1）现场操作分

序号	项目	考核内容	配分	考场表现	得分
1	现场操作规范	正确使用车床	2		
2		正确使用量具	2		
3		正确使用刀具	2		
4		正确维护保养	4		
合计			10		

（2）工件质量分

序号	考核项目	扣分标准	配分	得分	备注
1	总长100mm	每超差0.02扣1分	8		
2	外径ϕ44	每超差0.02扣1分	8		
3	外径ϕ40	每超差0.02扣1分	8		
4	外径ϕ56	超差0.1全扣	5		
5	外径ϕ25	超差0.1全扣	4		
6	长度10mm	超差0.01扣2分	8		
7	长度5mm	超差0.1全扣	4		
8	圆弧R10 圆弧R5	每处2分超差0.1全扣	10		
9	倒角	每个不合格扣2分， 工艺倒角4分（一处没倒全扣）	10		
10	螺纹M24	环规检测，不合格全扣10分 螺纹长度5分	15		
11	表面粗糙度	加工部分30%不合格扣2分，50%不合格扣4分， 75%不合格扣8分，撞刀全扣	10		
合计			90		

4. 加工参考程序

加工零件左半部分程序号：O0001

程序内容	程序说明
G97 M03 S600 T202;	主轴正转600r/min，并调用2号刀补
G99 G00 X62 Z2 M08;	每转进给，快速定位到循环起点，开启冷却
G90 X58 Z-52 F0.2;	
G73 U13 R12 F0.2;	仿形粗车循环，指定加工参数
G73 P10 Q20 U1 W0.1;	指定循环起、终段段号和精加工余量
N10 G00 X34;	
G01 Z0 F0.12;	
G03 X44 Z-5 R5;	
G01 Z-30;	
X34 Z-37;	
Z-40;	
X54;	
X56 Z-41;	
N20 Z-51;	

程序内容	程序说明
M09;	
G00 X200 Z100 M05;	退刀到安全位置，主轴停止
M00;	程序暂停，测量精加工后尺寸，修改刀补
M03 S1000 T202;	主轴转速1000r/min，调用2号车刀、刀补
G00 X62 Z2 M08;	快速定位到精加工起点
G70 P10 Q20;	精加工外轮廓
M09;	
G00 X200 Z100 M05;	退刀到安全位置，主轴停止
M30;	程序结束

加工零件右半部分程序号：O0002

程序内容	程序说明
G97 M03 S600 T101;	主轴正转600r/min，并调用第1号车刀
G99 G00 X62 Z2 M08;	每转进给，快速定位到循环起点，开启冷却
G71 U1 R0.5 F0.2;	外圆粗车循环，指定加工参数
G71 P10 Q20 U1 W0.1;	指定循环起、终段段号和精加工余量
N10 G00 X19.8;	
G01 Z0 F0.12;	
X23.8 Z-2;	
Z-23;	
X25;	
Z-40;	
G02 X45 Z-50 R10;	
G01 X54;	
N20 X58 Z-52;	
M09;	
G00 X200 Z100 M05;	退刀到安全位置，主轴停止
M00;	程序暂停，测量粗加工后尺寸，修改刀补
M03 S1000 T0101;	主轴转速1000r/min，调用第1号车刀
G00 X62 Z2 M08;	快速定位到精加工起点
G70 P10 Q20;	精加工外轮廓
M09;	
G00 X200 Z100 M05;	退刀到安全位置，主轴停止
M00;	程序暂停
M03 S500 T0303;	主轴转速500r/min，调用3号车刀
G00 X26 Z5 M08;	快速定位到螺纹加工起点
G76 P020060 Q80 R0.05;	指定螺纹切削循环指令参数

| ```
G76 X22.05 Z-20 P975 Q250 F1.5;
M09;
G00 X200 Z100 M05;
M30;
``` | 指定螺纹切削循环指令参数<br><br>退刀到安全位置，主轴停止<br>程序结束 |
| --- | --- |

任务2 数控车床中级职业技能鉴定样题2

试编制如图7-2-1所示零件的数控车床加工程序，毛坯为$\phi 50\times 107$mm 的#45钢，并上机进行加工实操。

图7-2-1 编制程序

1. 刀具列表

序号	刀具号	刀具名称	刀具图片	备注
1	T0101	93°外圆刀		
2	T0202	60°外螺纹刀		
3	T0303	35°仿形刀		
4	T0404	3mm 外槽刀		
```

2. 加工工艺步骤

步骤1：加工零件左半部分

序号	工艺路线	加工方式	刀具号	备注
1	装夹棒料伸出长30mm，车夹位，平端面	手动	T0101	
2	调头装夹夹位伸出长60mm左右，平端面取总长	G94	T0101	
3	粗车外圆至ϕ48尺寸结束并延长1mm	G71	T0101	
4	精车外圆至ϕ48尺寸结束并延长1mm	G70	T0101	
5	车4×ϕ26外槽	G75	T0303	
6	车M30×1.5外螺纹	G76	T0404	

步骤2：加工零件右半部分

序号	工艺路线	加工方式（指令）	刀具号	备注
1	装夹ϕ38，ϕ48尺寸靠紧卡盘口	手动		
2	粗车外圆到ϕ48尺寸倒角并外延长1mm	G73	T0202	
3	精车外圆到ϕ48尺寸倒角并外延长1mm	G70	T0202	

3. 项目评分表

考件编号：　　　　　　姓名：

总分：

（1）现场操作分

序号	项目	考核内容	配分	考场表现	得分
1	现场操作规范	正确使用车床	2		
2		正确使用量具	2		
3		正确使用刀具	2		
4		正确维护保养	4		
合计			10		

（2）工件质量分

序号	考核项目	扣分标准	配分	得分	备注
1	总长105mm	每超差0.02扣1分	8		
2	外径ϕ38	每超差0.02扣1分	8		
3	外径ϕ48	每超差0.02扣1分	8		
4	外径ϕ25	超差0.1全扣	5		
5	槽4×2mm	超差0.1全扣	4		
6	长度14mm	超差0.01扣2分	8		
7	长度15mm	超差0.1全扣	4		
8	圆弧	每处5分超差0.1全扣	10		
9	倒角	每个不合格扣2分，工艺倒角4分（一处没倒全扣）	10		
10	螺纹M24	环规检测，不合格全扣10分 螺纹长度5分	15		
11	表面粗糙度	加工部分30%不合格扣2分，50%不合格扣4分，75%不合格扣8分，撞刀全扣	10		
合计			90		

4. 加工参考程序

加工零件左半部分程序号：O0001

程序内容	程序说明
G97 M03 S600 T101;	主轴正转600r/min，并调用第1号车刀
G99 G00 X52 Z2 M08;	每转进给，快速定位到循环起点，开启冷却
G71 U1 R0.5 F0.2;	外圆粗车循环，指定加工参数
G71 P10 Q20 U1 W0.1 ;	指定循环起、终段段号和精加工余量
N10 G00 X25.8;	
G01 Z0 F0.12;	
X29.8 Z-2;	
Z-26;	
X36;	
X38 Z-27;	
Z-41;	
X40;	
G03 X48 Z-45 R4;	
N20 G01 Z-57;	
M9;	

程序内容	程序说明
G00 X200 Z100 M05;	退刀到安全位置，主轴停止
M00;	程序暂停，测量粗加工后尺寸，修改刀补
M03 S1000 T0101;	主轴正转1000r/min，并调用第1号车刀
G00 X52 Z2 M8;	快速定位到循环起点
G70 P10 Q20;	精加工外轮廓
M9;	
G00 X200 Z100 M05;	退刀到安全位置，主轴停止
M00;	程序暂停，测量精加工后尺寸，修改刀补
M03 S400 T0404;	主轴转速400r/min，调用4号车刀
G00 X32 Z-25;	快速定位到切槽起点
G75 R0.5;	指定切槽循环指令参数
G75 X26 Z-26 P1000 Q2500 F0.12;	指定切槽循环指令参数
M9;	
G00 X200 Z100 M05;	退刀到安全位置，主轴停止
M00;	程序暂停
M03 S500 T0202;	主轴转速500r/min，调用2号车刀
G00 X32 Z5 M8;	快速定位到螺纹加工起点
G76 P020060 Q80 R0.05;	指定螺纹切削循环指令参数
G76 X28.05 Z-23 P975 Q250 F1.5;	指定螺纹切削循环指令参数
M9;	
G00 X200 Z100 M05;	退刀到安全位置，主轴停止
M30;	程序结束

加工零件右半部分程序号：O0002

程序内容	程序说明
G97 M03 S600 T303;	主轴正转600r/min，并调用3号车刀
G99 G00 X52 Z2 M08;	每转进给，快速定位到循环起点，开启冷却
G90 X49 Z-51 F0.16;	外圆粗车循环，指定加工参数
G73 U25 R24 F0.2;	
G73 P10 Q20 U1 W0.1;	指定循环起、终段段号和精加工余量
N10 G00 X0;	
G01 Z0 F0.12;	
G03 X25 Z-41.21 R22.5;	
G01 Z-50;	
X44;	
N20 X50 Z-53;	

```
M9;
G00 X200 Z100 M05;         退刀到安全位置，主轴停止
M00;                        程序暂停，测量粗加工后尺寸，修改刀补
M03 S1000 T303;             主轴转速1000r/min，调用3号车刀
G00 X52 Z2 M08;             快速定位到精加工起点
G70 P10 Q20;                精加工外轮廓
M9;
G00 X200 Z100 M05;          退刀到安全位置，主轴停止
M30;                        程序结束
```

任务3　数控车床中级职业技能鉴定样题3

试编制如图7-3-1所示零件的数控车床加工程序，毛坯为$\phi60\times105mm$的#45钢，并上机进行加工操作。

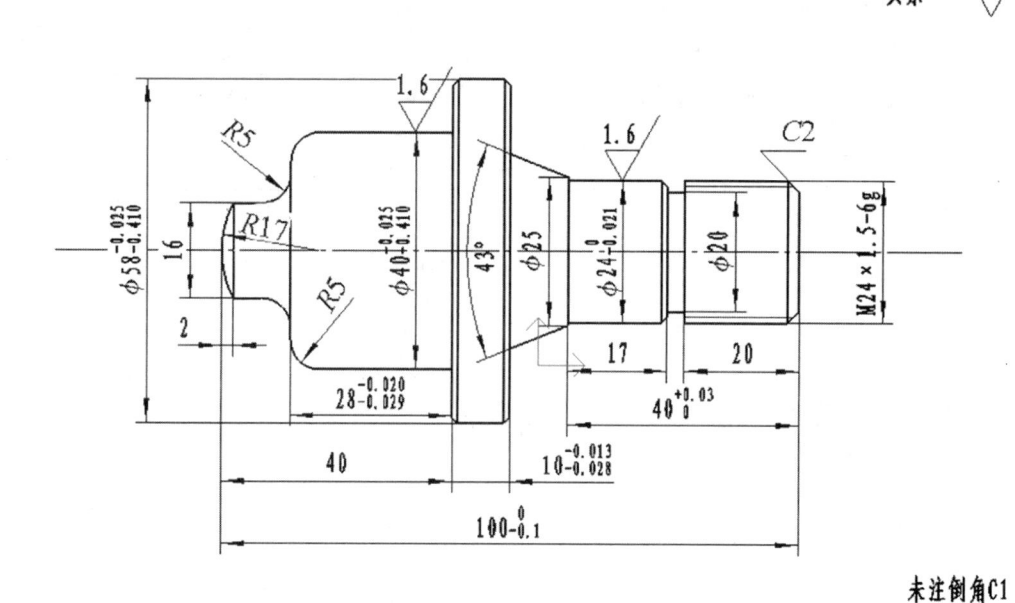

图 7-3-1　编制程序

1. 刀具列表

序号	刀具号	刀具名称	刀具图片	备注
1	T0101	93°外圆刀		
2	T0202	3mm 外槽刀		
3	T0303	60°外螺纹刀		

2. 加工工艺步骤

步骤1：加工零件左半部分				
序号	工艺路线	加工方式	刀具号	备注
1	装夹棒料伸出长30mm，车夹位，平端面	手动	T0101	
2	调头装夹夹位伸出长60mm左右，平端面取总长	G94	T0101	
3	粗车外圆至 ϕ58尺寸结束并延长1mm	G71	T0101	
4	精车外圆至 ϕ58尺寸结束并延长1mm	G70	T0101	

步骤2：加工零件右半部分				
序号	工艺路线	加工方式（指令）	刀具号	备注
1	装夹 ϕ40， ϕ58尺寸靠紧卡盘口	手动		
2	粗车外圆到 ϕ58尺寸倒角并外延长1mm	G71	T0101	
3	精车外圆到 ϕ58尺寸倒角并外延长1mm	G70	T0101	
4	车3× ϕ20外槽	G75	T0202	
5	车M24×1.5外螺纹	G76	T0303	

3. 项目评分表

考件编号：　　　　　　　姓名：

总分：

（1）现场操作分

序号	项目	考核内容	配分	考场表现	得分
1	现场操作规范	正确使用车床	2		
2		正确使用量具	2		
3		正确使用刃具	2		
4		正确维护保养	4		
合计			10		

（2）工件质量分

序号	考核项目	扣分标准	配分	得分	备注
1	总长100mm	每超差0.02扣1分	8		
2	外径ϕ24	每超差0.02扣1分	8		
3	外径ϕ40	每超差0.02扣1分	8		
4	外径ϕ58	超差0.1全扣	5		
5	外径ϕ42	超差0.1全扣	4		
6	长度10mm	超差0.01扣2分	8		
7	长度28mm	超差0.05全扣	4		
8	圆弧R18 圆弧R5	每处2分超差0.1全扣	10		
9	倒角	每个不合格扣2分，工艺倒角4分（一处没倒全扣）	10		
10	螺纹M24	环规检测，不合格全扣10分 螺纹长度5分	15		
11	表面粗糙度	加工部分30%不合格扣2分，50%不合格扣4分，75%不合格扣8分，撞刀全扣	10		
合计			90		

4．加工参考程序

加工零件左半部分程序号：O0001

程序内容	程序说明
G97 M03 S600 T101;	主轴正转 600r/min，并调用第 1 号车刀
G99 G00 X62 Z2 M08;	每转进给，快速定位到循环起点，开启冷却
G71 U1 R0.5 F0.2;	外圆粗车循环，指定加工参数
G71 P10 Q20 U1 W0.1;	指定循环起、终段段号和精加工余量
N10 G00 X0;	
G01 Z0 F0.12;	
G03 X16 Z-2 R17;	
G01 Z-7;	
G02 X26 Z-12 R5;	
G01 X30;	
G03 X40 Z-17 R5;	
G01 Z-40;	
X56;	
X58 Z-41;	
N20 Z-53;	
M09;	
G00 X200 Z100 M05;	退刀到安全位置，主轴停止
M00;	程序暂停，测量粗加工后尺寸，修改刀补
M03 S1000 T0101;	主轴转速 1000r/min，调用第 1 号车刀
G00 X62 Z2 M8;	快速定位到精加工起点
G70 P10 Q20;	精加工外轮廓
M9;	
G00 X200 Z100 M05;	退刀到安全位置，主轴停止
M30;	程序结束

加工零件右半部分程序号：O0002

程序内容	程序说明
G97 M03 S600 T101;	主轴正转 600r/min，并调用第 1 号车刀
G99 G00 X62 Z2 M08;	每转进给，快速定位到循环起点，开启冷却
G71 U1 R0.5 F0.2;	外圆粗车循环，指定加工参数
G71 P10 Q20 U1 W0.1;	指定循环起、终段段号和精加工余量
N10 G00 X19.8;	
G01 Z0 F0.12;	
X23.8 Z-2;	

```
            Z-23;
    X22;
    X24 Z-24;
        Z-40;
        X25;
        X32.88 Z-50;
        X56;
N20 X60 Z-52;
M9;
G00 X200 Z100 M05;           退刀到安全位置,主轴停止
M00;                         程序暂停,测量粗加工后尺寸,修改刀补
M03 S1000 T0101;             主轴正转1000r/min,并调用第1号车刀
G00 X62 Z2 M8;               快速定位到循环起点
G70 P10 Q20;                 精加工外轮廓
M9;

G00 X200 Z100 M05;           退刀到安全位置,主轴停止
M00;                         程序暂停,测量精加工后尺寸,修改刀补
M03 S400 T0202;              主轴转速400r/min,调用2号车刀
G00 X26 Z-23 M8;             快速定位到切槽起点
                             指定切槽循环指令参数
G75 R0.5;
G75 X20 Z-23 P1000 Q2500 F0.12;  指定切槽循环指令参数
M9;                          退刀到安全位置,主轴停止
G00 X200 Z100 M05;
M00;                         程序暂停
M03 S500 T0303;              主轴转速500r/min,调用3号车刀
G00 X26 Z5 M8;               快速定位到螺纹加工起点
G76 P020060 Q80 R0.05;       指定螺纹切削循环指令参数
G76 X22.05 Z-21 P975 Q250 F1.5;  指定螺纹切削循环指令参数
M9;
G00 X200 Z100 M05;           退刀到安全位置,主轴停止
M30;                         程序结束
```

任务4　数控车床中级职业技能鉴定样题4

试编制如图7-4-1所示零件的数控车床加工程序,毛坯为$\phi50\times95$mm的#45钢,并上机进行加工实操。

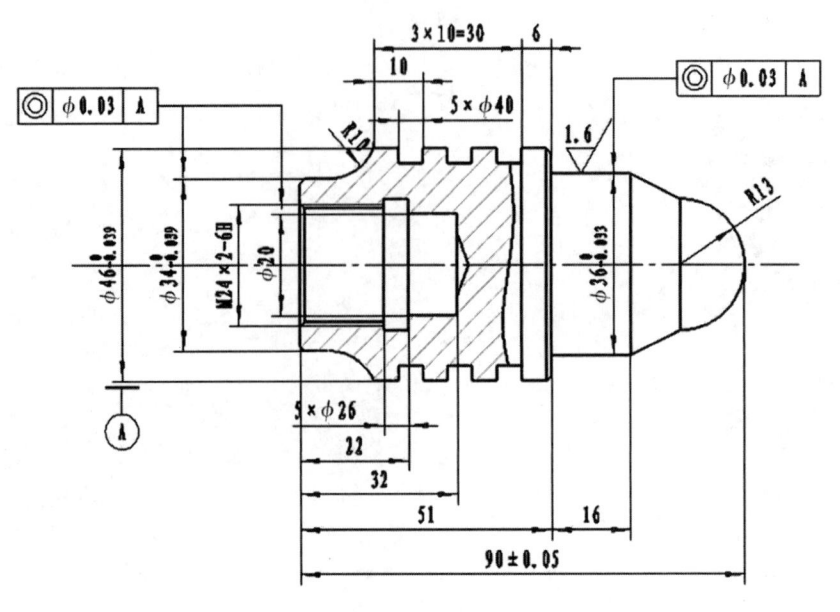

图 7-4-1 编制程序

1. 刀具列表

序号	刀具号	刀具名称	刀具图片	备注
1	T0101	93°外圆刀		
2	T0202	35°仿形刀		
3	T0303	3mm外槽刀		
4	T0404	60°外螺纹刀		
5	T0505	内孔刀		

2. 加工工艺步骤

步骤1：加工零件左半部分

序号	工艺路线	加工方式	刀具号	备注
1	装夹棒料伸出长30mm，车夹位，平端面	手动	T0101	
2	调头装夹夹位伸出长60mm左右，平端面取总长	G94	T0101	
3	钻A3中心孔	手动	A3中心钻	
4	钻ϕ18内孔，深度30mm	手动	ϕ18麻花钻	
5	粗车内孔	G71	T0202	
6	精车内孔	G70	T0202	
7	车5×ϕ26内槽	G75	T0505	
8	车M24×2内螺纹	G76	T0303	
9	粗车外圆至ϕ58尺寸结束并延长1mm	G71	T0101	
10	精车外圆至ϕ58尺寸结束并延长1mm	G70	T0101	
11	车3个5×ϕ40外槽	G75	T0404	

步骤2：加工零件右半部分

序号	工艺路线	加工方式（指令）	刀具号	备注
1	装夹ϕ46外圆，伸出长45mm	手动		
2	粗车外圆到ϕ46尺寸倒角并外延长1mm	G71	T0101	
3	精车外圆到ϕ58尺寸倒角并外延长1mm	G70	T0101	

3. 项目评分表

考件编号：　　　　　姓名：

总分：

（1）现场操作分

序号	项目	考核内容	配分	考场表现	得分
1	现场操作规范	正确使用车床	2		
2		正确使用量具	2		
3		正确使用刃具	2		
4		正确维护保养	4		
合计			10		

（2）工件质量分

序号	考核项目	扣分标准	配分	得分	备注
1	总长90mm	每超差0.02扣1分	8		
2	外径$\phi46$	每超差0.02扣1分	8		
3	外径$\phi36$	每超差0.02扣1分	8		
4	外径$\phi34$	超差0.1全扣	5		
5	外径$\phi42$	超差0.1全扣	4		
6	外槽5×$\phi40$	超差0.01扣2分	8		
7	内槽5×$\phi26$	超差0.1全扣	4		
8	圆弧R10 圆弧R13	每处2分超差0.1全扣	10		
9	倒角	每个不合格扣2分， 工艺倒角4分（一处没倒全扣）	10		
10	内螺纹M24	环规检测，不合格全扣10分 螺纹长度5分	15		
11	表面粗糙度	加工部分30%不合格扣2分，50%不合格扣4分，75%不合格扣8分，撞刀全扣	10		
合计			90		

4. 加工参考程序

加工零件左半部分程序号：O0001

程序内容	程序说明
G97 M03 S500 T0202;	主轴转速500r/min，调用2号车刀
G99 G00 X16 Z5 M8;	快速定位到粗加工起点
G71 U1 R0.2 F0.16;	内孔粗车循环，指定加工参数
G71 P10 Q20 U-1 W0.1;	指定循环起、终段段号和精加工余量
N10 G00 X24.25;	
G01 Z0 F0.12;	
X22.25 Z-1;	
Z-22;	
X20;	
N20 Z-32	
G00 Z100;	退刀到Z轴安全位置
X200 M05;	退刀到Z轴安全位置，主轴停止
M00;	程序暂停
M03 S700 T202;	主轴转速700r/min，调用2号车刀
G00 X16 Z5 M8;	快速定位到精加工起点
G70 P10 Q20;	精加工内轮廓
G00 Z100;	退刀到Z轴安全位置

X200 M05;	退刀到Z轴安全位置,主轴停止
M00;	程序暂停
M03 S400 T0505;	主轴转速400r/min,调用5号车刀
G00 X20 Z5;	定位内槽切槽起点
Z-20;	定位内槽切槽起点
G75 R0.2;	指定切槽循环指令参数
G75 X26 Z-22 P1000 Q2500 F0.1;	指定切槽循环指令参数
G00 Z100;	退刀到Z轴安全位置
X200 M05;	退刀到Z轴安全位置,主轴停止
M03 S400 T0303;	主轴转速400r/min,调用3号刀
G00 X20 Z5;	定位内螺纹加工起点
G76 P020260 Q80 R0.05;	指定螺纹切削循环指令参数
G76 X24 Z-18 P975 Q250 F1.5;	指定螺纹切削循环指令参数
G00 Z100;	退刀到Z轴安全位置
X200 M05;	退刀到Z轴安全位置,主轴停止
M00;	程序暂停
M03 S600 T0101;	主轴正转600r/min,并调用第1号车刀
G00 X52 Z2 M08;	每转进给,快速定位到循环起点,开启冷却
G71 U1 R0.5 F0.2;	外圆粗车循环,指定加工参数
G71 P30 Q40 U1 W0.1;	指定循环起、终段段号和精加工余量
N30 G00 X32;	
G01 Z0 F0.12;	
X34 Z-1;	
Z-5.84;	
G02 X46 Z-15 R10;	
N40 Z-52;	
G00 X200 Z100 M05;	退刀到安全位置,主轴停止
M00;	程序暂停,测量粗加工后尺寸,修改刀补
M03 S1000 T0101;	主轴转速1000r/min,调用第1号车刀
G00 X52 Z2;	快速定位到精加工起点
G70 P30 Q40;	精加工外轮廓
G00 X200 Z100 M05;	退刀到安全位置,主轴停止
M00;	程序暂停
M03 S400 T0202;	主轴转速400r/min,调用2号车刀
G00 X48 Z-23 M8;	快速定位到切槽起点
G75 R0.5;	指定切槽循环指令参数
G75 X40 Z-25 P1000 Q2500 F0.12;	指定切槽循环指令参数

程序内容	程序说明
G00 Z-33;	快速定位到切槽起点
G75 R0.5;	指定切槽循环指令参数
G75 X40 Z-35 P1000 Q2500 F0.12;	指定切槽循环指令参数
G00 Z-43;	快速定位到切槽起点
G75 R0.5;	指定切槽循环指令参数
G75 X40 Z-45 P1000 Q2500 F0.12;	指定切槽循环指令参数
G00 X200 Z100 M05;	退刀到安全位置,主轴停止
M30;	程序结束

加工零件右半部分程序号:O0002

程序内容	程序说明
G97 M03 S600 T101;	主轴正转 600r/min,并调用第 1 号车刀
G99 G00 X52 Z2 M08;	每转进给,快速定位到循环起点,开启冷却
G71 U1 R0.5 F0.2;	外圆粗车循环,指定加工参数
G71 P10 Q20 U1 W0.1;	指定循环起、终段段号和精加工余量
N10 G00 X0;	
G01 Z0 F0.12;	
G03 X26 Z-13 R13;	
G01 X36 Z-23;	
Z-39;	
X44;	
N20 X48 Z-41;	
M9;	
G00 X200 Z100 M05;	退刀到安全位置,主轴停止
M00;	程序暂停,测量粗加工后尺寸,修改刀补
M03 S1000 T0101;	主轴转速 1000r/min,调用第 1 号车刀
G00 X52 Z2 M8;	快速定位到精加工起点
G70 P10 Q20;	精加工外轮廓
M9;	
G00 X200 Z100 M05;	退刀到安全位置,主轴停止
M30;	程序结束

任务5　数控车床中级职业技能鉴定样题5

试编制如图7-5-1所示零件的数控车床加工程序,毛坯为 $\phi60\times105$mm 的#45钢,并上机进行加工实操。

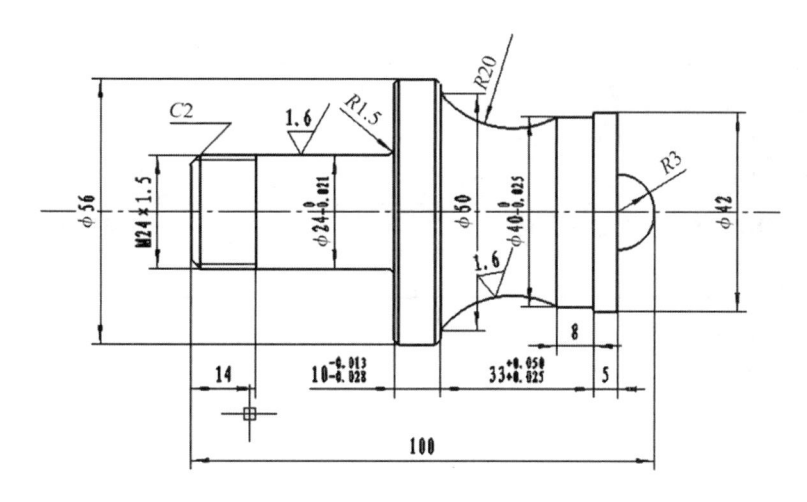

图 7-5-1 编制程序

1. 刀具列表

序号	刀具号	刀具名称	刀具图片	备注
1	T0101	93°外圆刀		
2	T0202	35°仿形刀		
3	T0303	3mm 外槽刀		
4	T0404	60°外螺纹刀		

2. 加工工艺步骤

步骤1：加工零件左半部分				
序号	工艺路线	加工方式	刀具号	备注
1	装夹棒料伸出长30mm，车夹位，平端面	手动	T0101	
2	调头装夹夹位伸出长60mm左右，平端面取总长	G94	T0101	
3	粗车外圆至ϕ56尺寸结束并延长1mm	G71	T0101	
4	精车外圆至ϕ56尺寸结束并延长1mm	G70	T0101	
5	车M24×1.5外螺纹	G76	T0202	

步骤2：加工零件右半部分

序号	工艺路线	加工方式（指令）	刀具号	备注
1	装夹φ24，φ56尺寸靠紧卡盘口	手动		
2	粗车外圆到φ56尺寸倒角并外延长1mm	G73	T0303	
3	精车外圆到φ56尺寸倒角并外延长1mm	G70	T0303	
4	车8×φ40外槽	G75	T0404	

3. 项目评分表

考件编号：　　　　　　姓名：

总分：

（1）现场操作分：

序号	项目	考核内容	配分	考场表现	得分
1	现场操作规范	正确使用车床	2		
2		正确使用量具	2		
3		正确使用刀具	2		
4		正确维护保养	4		
合计			10		

（2）工件质量分：

序号	考核项目	扣分标准	配分	得分	备注
1	总长100mm	每超差0.02扣1分	8		
2	外径φ24	每超差0.02扣1分	8		
3	外径φ40	每超差0.02扣1分	8		
4	外径φ56	超差0.1全扣	5		
5	外径φ42	超差0.1全扣	4		
6	长度10mm	超差0.01扣2分	8		
7	长度5mm	超差0.1全扣	4		
8	圆弧R8 圆弧R20	每处2分超差0.1全扣	10		
9	倒角	每个不合格扣2分，工艺倒角4分（一处没倒全扣）	10		
10	螺纹M24	环规检测，不合格全扣10分 螺纹长度5分	15		
11	表面粗糙度	加工部分30%不合格扣2分，50%不合格扣4分，75%不合格扣8分，撞刀全扣	10		
合计			90		

4. 加工参考程序

加工零件左半部分程序号：O0001

程序内容	程序说明
G97 M03 S600 T101;	主轴正转 600r/min，并调用第 1 号车刀
G99 G00 X62 Z2 M08;	每转进给，快速定位到循环起点，开启冷却
G71 U1 R0.5 F0.2;	外圆粗车循环，指定加工参数
G71 P10 Q20 U1 W0.1 ;	指定循环起、终段段号和精加工余量
N10 G00 X19.8;	
G01 Z0 F0.12;	
X23.8 Z-2;	
Z-14;	
X24;	
Z-42.5;	
G02 X27 Z-44 R1.5;	
G01 X54	
X56 Z-45;	
N20 Z-55 M09;	
G00 X200 Z100 M05;	退刀到安全位置，主轴停止
M00;	程序暂停，测量粗加工后尺寸，修改刀补
M03 S1000 T0101;	主轴正转 1000r/min，并调用第 1 号车刀
G00 X62 Z2 M08;	快速定位到循环起点
G70 P10 Q20;	精加工外轮廓
M09;	
G00 X200 Z100 M05;	退刀到安全位置，主轴停止
M00;	程序暂停，测量精加工后尺寸，修改刀补
M03 S500 T0202;	主轴转速 500r/min，调用 2 号车刀
G00 X26 Z5 M08;	快速定位到螺纹加工起点
G76 P020060 Q80 R0.05;	指定螺纹加工循序参数
G76 X22.05 Z-14 P975 Q250 F1.5;	指定螺纹加工循环参数
G00 X200 Z100 M05;	退刀安全位置，主轴停止
M30;	程序结束

加工零件右半部分程序号：O0002

程序内容	程序说明
G97 M03 S600 T101;	主轴正转 600r/min，并调用第 1 号车刀
G99 G00 X62 Z2 M08;	每转进给，快速定位到循环起点，开启冷却
G90 X58 Z-50 F0.16;	

G73 U28 R27 F0.2;	外圆粗车循环，指定加工参数
G73 P10 Q20 U1 W0.1;	指定循环起、终段段号和精加工余量
N10 G00 X0;	
G01 Z0 F0.12;	
G03 X16 Z-8 R8;	
G01 X41;	
X42 Z-8.5;	
Z-13;	
X40 Z-21;	
G02 X50 Z-46 R20;	
G01 X54;	
N20 X58 Z-48;	
M09;	
G00 X200 Z100 M05;	退刀到安全位置，主轴停止
M00;	程序暂停，测量粗加工后尺寸，修改刀补
M03 S1000 T0101;	主轴转速1000r/min，调用第1号车刀
G00 X62 Z2 M08;	快速定位到精加工起点
G70 P10 Q20;	精加工外轮廓
M09;	
G00 X200 Z100 M05;	退刀到安全位置，主轴停止
M00;	程序暂停，测量精加工后尺寸，修改刀补
M03 S400 T0404;	主轴转速400r/min，调用4号车刀
G00 X44 Z-16 M08;	快速定位到切槽起点
G75 R0.5;	指定切槽循环指令参数
G75 X40 Z-21 P1000 Q2500 F0.12;	指定切槽循环指令参数
M09;	
G00 X200 Z100 M05;	退刀到安全位置，主轴停止
M30;	程序结束

项目八 数控车床高级工技能等级考试实例

任务1 数控车床高级职业技能鉴定样题1

试编制如图8-1-1～图8-1-3所示数控车床高级工配合零件的加工工序卡及加工程序，并上机进行加工实操。毛坯为 $\phi50\times78mm$、$\phi50\times83mm$ 的#45钢各一根。

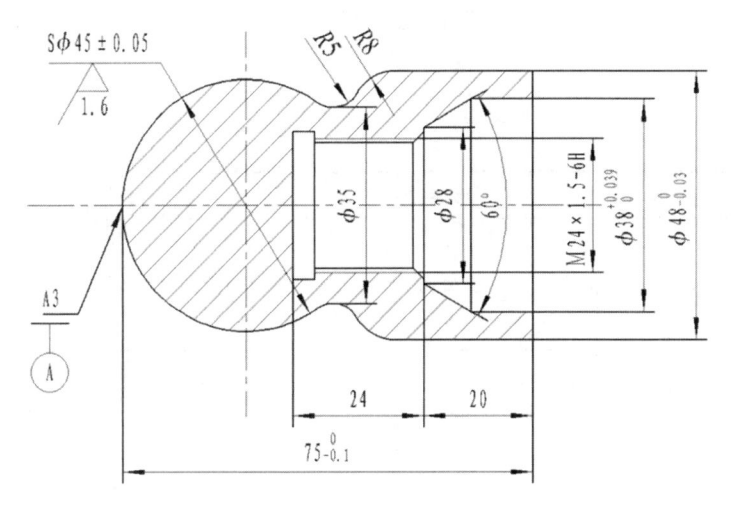

图 8-1-1 高级工配合零件1

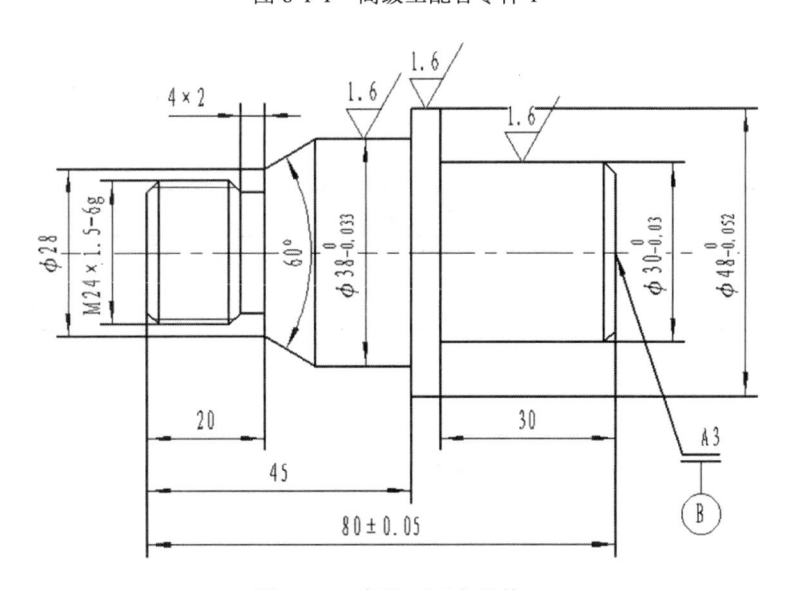

图 8-1-2 高级工配合零件2

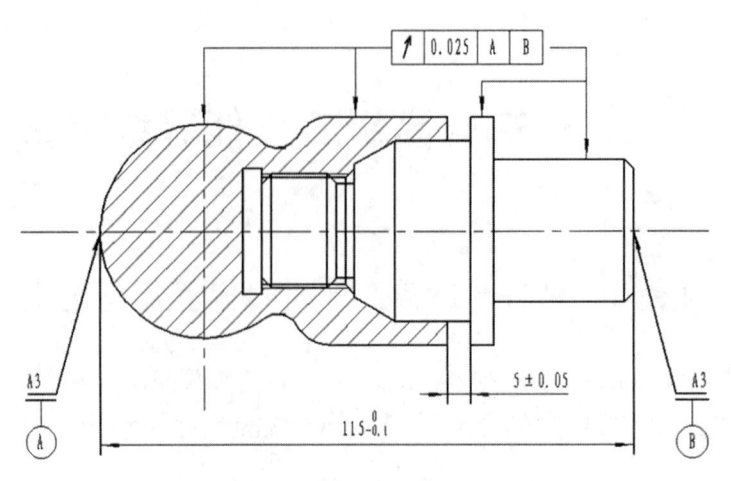

图 8-1-3　高级工装配体

1．刀具列表

序号	刀具号	刀具名称	刀具图片	备注
1	T0101	93°外圆刀		
2	T0202	35°仿形刀		
3	T0303	3mm 外槽刀		
4	T0404	60°外螺纹刀		
5	T0505	内孔刀		
6	T0606	3mm 内槽刀		
7	T0707	60°内螺纹刀		

2. 加工工艺步骤

工序1：加工零件1右侧内孔部分

序号	工艺路线	加工方式（指令）	刀具号	备注
1	装夹棒料伸出长30mm，车夹位，平端面	手动	T0101	
2	调头装夹夹位伸出长40mm左右，平端面	手动	T0101	
3	钻A3中心孔	手动	A3中心钻	
4	钻φ12，深度45mm底孔	手动	φ12钻头	
5	扩孔φ25，深度45mm	手动	φ25钻头	
6	粗车内孔	G71	T0505	
7	精车内孔	G70	T0505	
8	车4×φ28内槽	G75	T0606	
9	车M24×1.5内螺纹	G76	T0707	

工序2：加工零件2右半部分

序号	工艺路线	加工方式（指令）	刀具号	备注
1	装夹棒料伸出长30mm，车夹位，平端面	手动	T0101	
2	调头装夹夹位伸出长40mm以上，平端面	手动	T0101	
3	粗车外圆到φ48尺寸结束并外延长1mm	G71	T0101	
4	精车外圆到φ48尺寸结束并外延长1mm	G70	T0101	
5	扩孔φ25，深度45mm	手动	φ25钻头	
6	粗车内孔	G71	T0505	
7	精车内孔	G70	T0505	
8	车4×φ28内槽	G75	T0606	
9	车M24×1.5内螺纹	G76	T0707	

工序3：加工零件2左半部分

序号	工艺路线	加工方式（指令）	刀具号	备注
1	装夹零件2右φ30部分，平端面取总长	G94	T0101	
2	调头装夹夹位伸出长40mm以上，平端面	手动	T0101	
3	粗车外圆到φ48倒角位置并外延长1mm	G71	T0101	
4	精车外圆到φ48倒角位置并外延长1mm	G70	T0101	
5	车4×φ20外槽	G75	T0303	
6	车M24×1.5外螺纹	G76	T0404	

注意：加工完成后不要将零件2拆下。

工序4：加工零件1外轮廓				
序号	工艺路线	加工方式（指令）	刀具号	备注
1	将零件1已加工部分旋入零件左半部分（如装配图），取总长	手动	T0101	
2	粗车零件1外轮廓	G73	T0202	
3	精车零件1外轮廓	G70	T0202	

参考加工程序：略

3. 项目评分表

考件编号：　　　　　　姓名：

总分：

（1）现场操作分

序号	项目	考核内容	配分	考场表现	得分
1	现场操作规范	正确使用车床	2		
2		正确使用量具	2		
3		正确使用刃具	2		
4		正确维护保养	4		
合计			10		

（2）零件1质量分

序号	考核项目	扣分标准	配分	实际尺寸	得分
1	总长75mm	每超差0.02扣1分	4		
2	外径φ48	每超差0.01扣1分	5		
3	内径φ38	每超差0.01扣1分	5		
4	球φ45	超差全扣	5		
5	锐角倒钝/倒角	一处未做扣2分	6		
6	表面粗糙度	50%达到2分，80%达到4分，100%达到6分，刀具碰伤全扣	6		
7	圆弧R8圆弧R5	每处2分超差0.1全扣	4		
8	内螺纹M24	螺纹塞规检测，不合格全扣5分	5		
合计			40		

（3）零件2质量分

序号	考核项目	扣分标准	配分	实际尺寸	得分
1	总长80mm	每超差0.02扣1分	4		
2	外径$\phi 48$	每超差0.01扣1分	5		
3	外径$\phi 38$	每超差0.01扣1分	5		
4	外径$\phi 30$	每超差0.01扣1分	5		
5	外槽	宽度3分，直径2分	5		
6	倒角	每个不合格扣1分，工艺倒角2分（一处没倒全扣）	5		
7	外螺纹M24	环规检测，不合格全扣5分	5		
8	表面粗糙度	50%达到2分，80%达到4分，100%达到6分，刀具碰伤全扣	6		
合计			40		

（4）配合分

序号	考核项目	扣分标准	配分	实际尺寸	得分
1	总长115mm	每超差0.02扣1分	5		
2	间隙5mm	每超差0.02扣1分	5		
合计			10		

任务2 数控车床高级职业技能鉴定样题2

试编制如图8-2-1～图8-2-3所示数控车床高级工配合零件的加工工序卡及加工程序，并上机进行加工实操。毛坯为$\phi 45\times 73$mm、$\phi 50\times 35$mm的#45钢各一根。

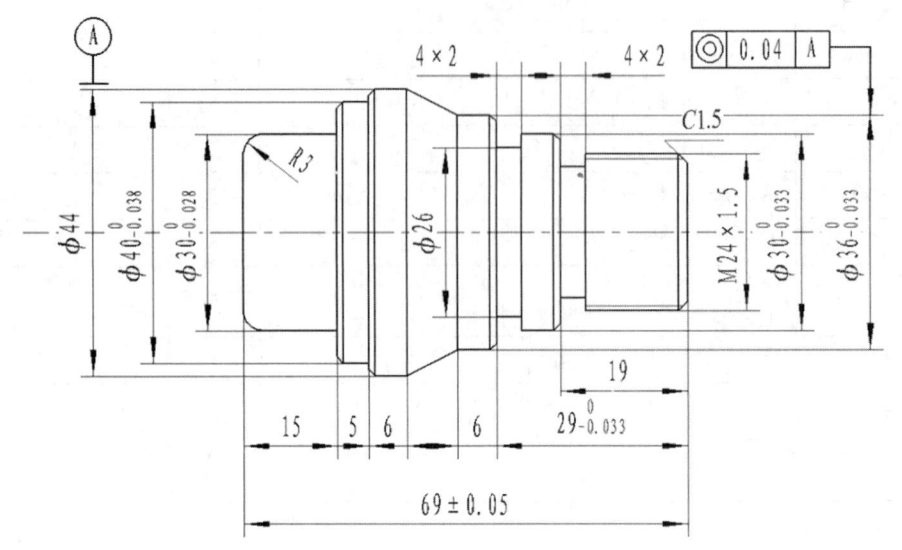

图 8-2-1 高级工配合零件 1

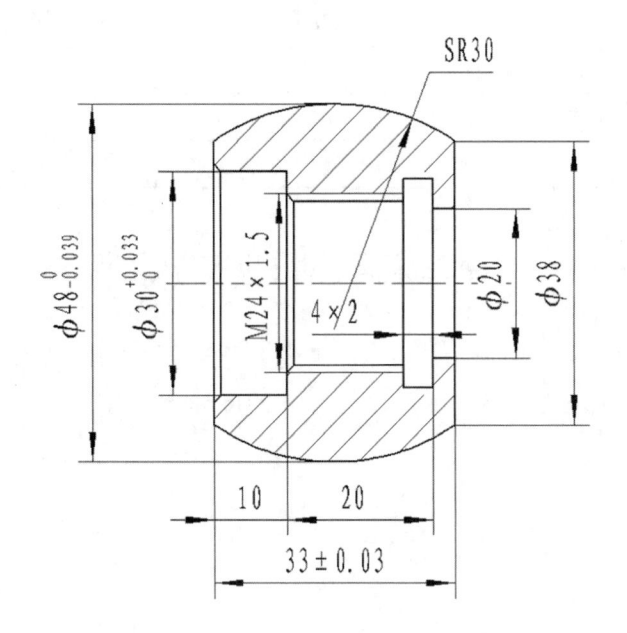

图 8-2-2 高级工配合零件 2

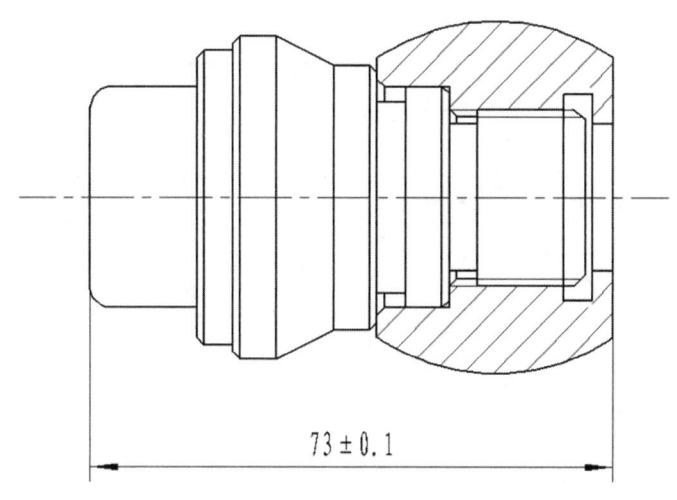

图 8-2-3 高级工装配体

1. 刀具列表

序号	刀具号	刀具名称	刀具图片	备注
1	T0101	93°外圆刀		
2	T0202	35°仿形刀		
3	T0303	3mm外槽刀		
4	T0404	60°外螺纹刀		
5	T0505	内孔刀		
6	T0606	3mm内槽刀		
7	T0707	60°内螺纹刀		

2. 加工工艺步骤

工序1：从左侧加工零件2内轮廓部分

序号	工艺路线	加工方式（指令）	刀具号	备注
1	装夹棒料伸出长20mm，车夹位，平端面	手动	T0101	
2	调头装夹夹位伸出长15mm左右，平端面取总长	手动	T0101	
3	钻A3中心孔	手动	A3中心钻	
4	钻φ12通孔	手动	φ12钻头	
5	扩孔φ21通孔	手动	φ21钻头	
6	粗车内孔	G71	T0505	
7	精车内孔	G70	T0505	
8	车4×φ28内槽	G75	T0606	
9	车M24×1.5内螺纹	G76	T0707	

工序2：加工零件1左半部分

序号	工艺路线	加工方式（指令）	刀具号	备注
1	装夹棒料伸出长30mm，车夹位，平端面	手动	T0101	
2	调头装夹夹位伸出长35mm以上，平端面取总长	手动	T0101	
3	粗车外圆到φ44尺寸结束并外延长1mm	G71	T0101	
4	精车外圆到φ44尺寸结束并外延长1mm	G70	T0101	

工序3：加工零件1右半部分

序号	工艺路线	加工方式（指令）	刀具号	备注
1	调头装夹零件1左φ30部分			
2	粗车外圆到φ44锥度结束位置并外延长1mm	G71	T0101	
3	精车外圆到φ44锥度结束位置并外延长1mm	G70	T0101	
4	车4×φ20外槽	G75	T0303	
5	车M24×1.5外螺纹	G76	T0404	

注意：加工完成后不要将零件1拆下。

工序4：加工零件2外轮廓

序号	工艺路线	加工方式（指令）	刀具号	备注
1	将零件2已加工部分旋入零件左半部分（如装配图）			
2	粗车零件2外轮廓	G73	T0202	
3	精车零件2外轮廓	G70	T0202	

参考加工程序：略

3. 项目评分表

考件编号：　　　　　　　姓名：

总分：

（1）现场操作分

序号	项目	考核内容	配分	考场表现	得分
1	现场操作规范	正确使用车床	2		
2		正确使用量具	2		
3		正确使用刃具	2		
4		正确维护保养	4		
合计			10		

（2）零件1质量分

序号	考核项目	扣分标准	配分	实际尺寸	得分
1	总长33mm	每超差0.02扣1分	4		
2	外径$\phi48$	每超差0.01扣1分	4		
3	外径$\phi40$	每超差0.01扣1分	5		
4	外径$\phi36$	每超差0.01扣1分	5		
5	2处外径$\phi30$	每超差0.01扣1分	6		
6	锐角倒钝/倒角	一处未做扣2分	6		
7	表面粗糙度	50%达到2分，80%达到4分，100%达到6分，刀具碰伤全扣	6		
8	圆弧R3	每处超差0.1全扣	4		
9	外螺纹M24	环规检测，不合格全扣5分	5		
合计			45		

(3) 零件2质量分

序号	考核项目	扣分标准	配分	实际尺寸	得分
1	总长33mm	每超差0.02扣1分	4		
2	外径φ48	每超差0.01扣1分	5		
3	外径φ30	每超差0.01扣1分	5		
4	内槽	宽度3分，直径2分	5		
5	倒角	每个不合格扣1分，工艺倒角2分（一处没倒全扣）	5		
6	内螺纹M24	螺纹塞规检测，不合格全扣5分	5		
7	表面粗糙度	50%达到2分，80%达到4分，100%达到6分，刀具碰伤全扣	6		
合计			35		

(4) 配合分

序号	考核项目	扣分标准	配分	实际尺寸	得分
1	总长73mm	每超差0.01扣1分	10		
合计			10		

任务3　数控车床高级职业技能鉴定样题3

试编制如图8-3-1～图8-3-3所示数控车床高级工配合零件的加工工序卡及加工程序，并上机进行加工实操。毛坯为φ60×58mm、φ60×43mm的#45钢各一根。

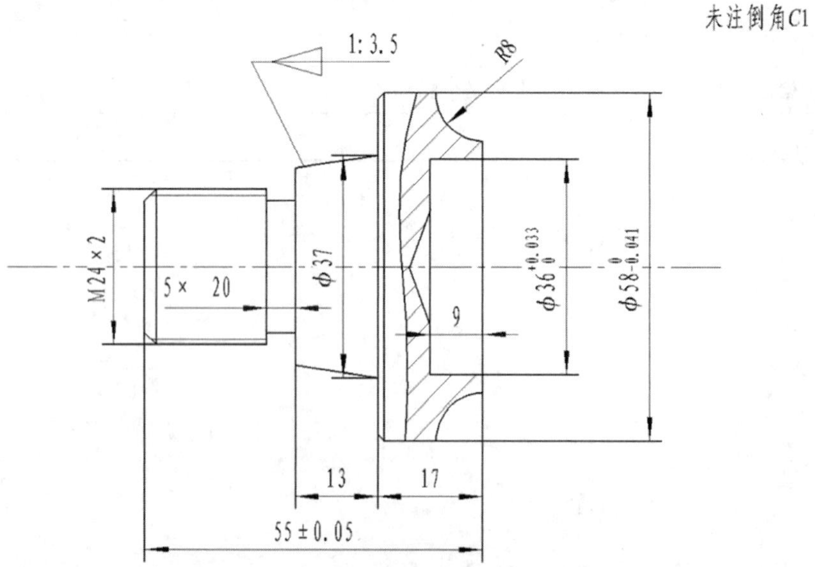

图8-3-1　高级工配合零件1

未注倒角C1

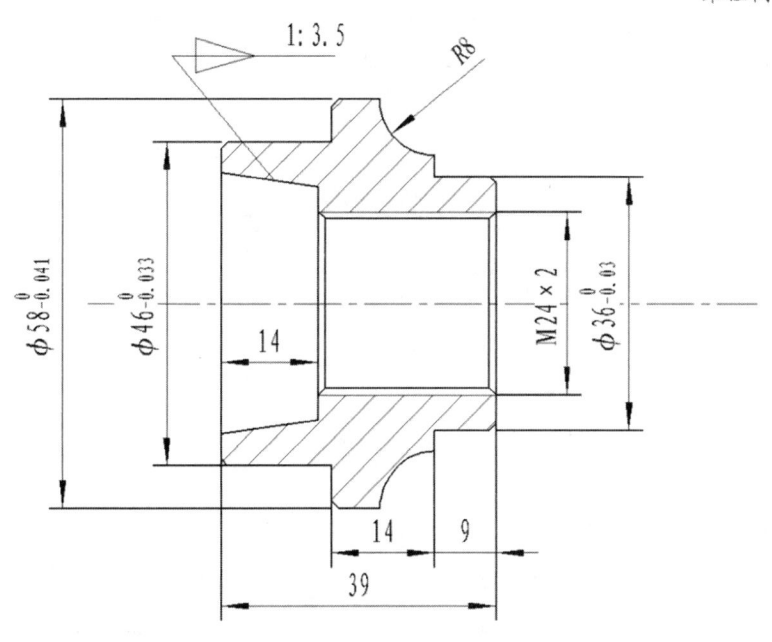

图 8-3-2 高级工配合零件 2

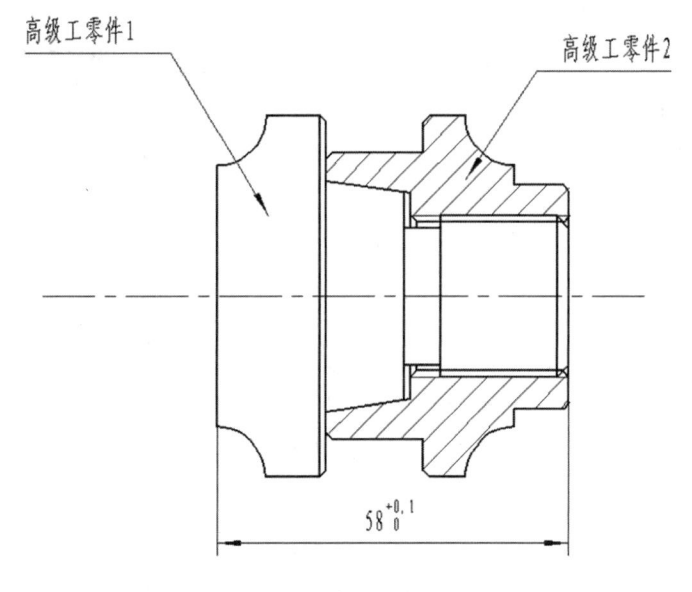

图 8-3-3 高级工装配体

1. 刀具列表

序号	刀具号	刀具名称	刀具图片	备注
1	T0101	93°外圆刀		
2	T0202	3mm外槽刀		
3	T0303	60°外螺纹刀		
4	T0404	内孔刀		
5	T0505	60°内螺纹刀		

2. 加工工艺步骤

工序1：加工零件1左侧外圆				
序号	工艺路线	加工方式（指令）	刀具号	备注
1	装夹棒料伸出长20mm，车夹位，平端面	手动	T0101	
2	调头装夹夹位伸出长40mm左右，平端面取总长	手动	T0101	
3	粗车外圆到ϕ58尺寸开始倒角外延长1mm	G71	T0101	
4	精车外圆到ϕ58尺寸开始倒角外延长1mm	G70	T0101	
5	车5×ϕ20外槽	G75	T0202	
6	车M24×2外螺纹	G76	T0303	

工序2：加工零件2左半部分					
序号	工艺路线	加工方式（指令）	刀具号	备注
1	装夹棒料伸出长30mm，车夹位，平端面	手动	T0101	
2	调头装夹夹位伸出长25mm以上，平端面取总长	手动	T0101	
3	粗车外圆到ϕ58尺寸结束并外延长1mm	G71	T0101	
4	精车外圆到ϕ58尺寸结束并外延长1mm	G70	T0101	
5	钻A3中心孔	手动	A3中心钻	
6	钻ϕ12通孔	手动	ϕ12钻头	
7	扩孔ϕ21通孔	手动	ϕ21钻头	
6	粗车内孔	G71	T0404	
7	精车内孔	G70	T0404	
8	车M24×2内螺纹	G76	T0505	

注意：加工完成后不要将零件2拆下。

工序3：加工零件1右侧部分					
序号	工艺路线	加工方式（指令）	刀具号	备注
1	将零件1已加工部分旋入零件左半部分（如装配体）	手动	T0101	
2	粗车零件1右侧外轮廓	G71	T0101	
3	精车零件1右侧外轮廓	G70	T0101	
4	钻A3中心孔	手动	A3中心钻	
5	钻ϕ12深度9mm孔	手动	ϕ12钻头	
6	扩孔ϕ25深度9mm孔	手动	ϕ25钻头	
7	粗车ϕ36内孔	G71	T0404	
8	精车ϕ36内孔	G70	T0404	

工序4：加工零件2右侧外圆					
序号	工艺路线	加工方式（指令）	刀具号	备注
1	调头装夹零件2左侧ϕ46外圆	手动		
2	粗车零件2右侧外轮廓至R8切线延长出1mm	G71	T0101	
3	精车零件2右侧外轮廓至R8切线延长出1mm	G70	T0101	

参考加工程序：略

3. 项目评分表

考件编号：　　　　　　　姓名：

总分：

（1）现场操作分

序号	项目	考核内容	配分	考场表现	得分
1	现场操作规范	正确使用车床	2		
2		正确使用量具	2		
3		正确使用刀具	2		
4		正确维护保养	4		
合计			10		

（2）零件1质量分

序号	考核项目	扣分标准	配分	实际尺寸	得分
1	总长55mm	每超差0.02扣1分	4		
2	外径ϕ58	每超差0.01扣1分	4		
3	外径ϕ37	超差0.05全扣	5		
4	外径ϕ36	每超差0.01扣1分	5		
5	锐角倒钝/倒角	一处未做扣2分	6		
6	表面粗糙度	50%达到2分，80%达到4分，100%达到6分，刀具碰伤全扣	6		
7	圆弧$R8$	每处超差0.1全扣	5		
8	外螺纹M24	环规检测，不合格全扣5分	5		
合计			40		

（3）零件2质量分

序号	考核项目	扣分标准	配分	实际尺寸	得分
1	总长39mm	每超差0.02扣1分	4		
2	外径ϕ58	每超差0.01扣1分	5		
3	外径ϕ46	每超差0.01扣1分	5		
4	外径ϕ36	每超差0.01扣1分	5		
5	倒角	每个不合格扣1分，工艺倒角2分（一处没倒全扣）	5		
6	圆弧$R8$	超差0.1全扣	5		
7	内螺纹M24	螺纹塞规检测，不合格全扣5分	5		
8	表面粗糙度	50%达到2分，80%达到4分，100%达到6分，刀具碰伤全扣	6		
合计			40		

(4)配合分

序号	考核项目	扣分标准	配分	实际尺寸	得分
1	总长58mm	每超差0.01扣1分	5		
2	锥度	接触面积小于50%全扣	5		
合计			10		

任务4　数控车床高级职业技能鉴定样题4

试编制如图8-4-1～图8-4-3所示数控车床高级工配合零件的加工工序卡及加工程序,并上机进行加工实操。毛坯为 $\phi50\times80$mm、$\phi50\times35$mm的#45钢各一根。

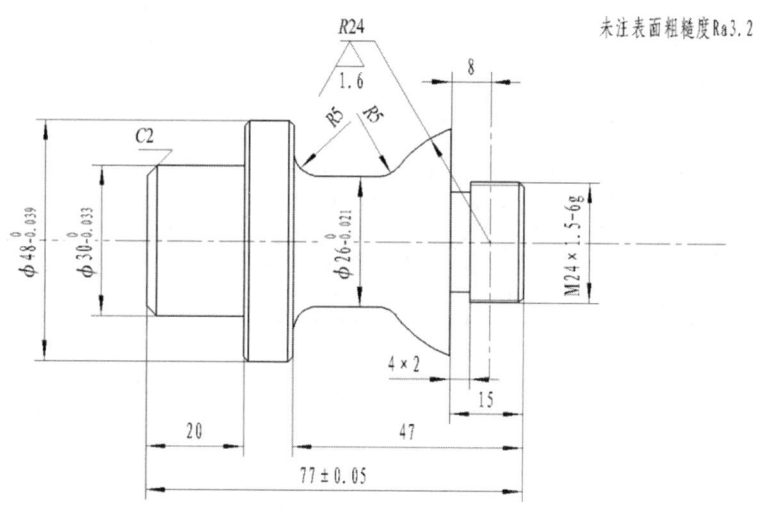

图 8-4-1　高级工配合零件1

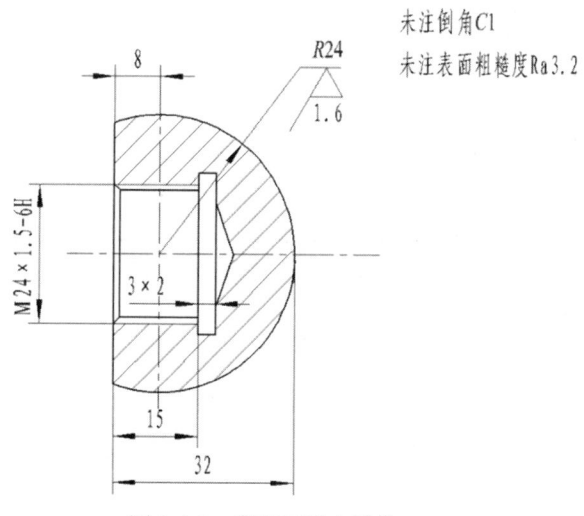

图 8-4-2　高级工配合零件2

图 8-4-3　高级工装配体

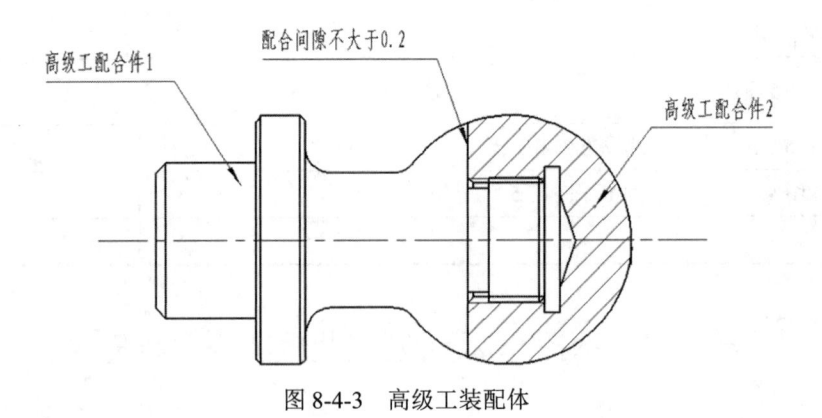

1. 刀具列表

序号	刀具号	刀具名称	刀具图片	备注
1	T0101	93°外圆刀		
2	T0202	35°仿形刀		
3	T0303	3mm 外槽刀		
4	T0404	60°外螺纹刀		
5	T0505	内孔刀		
6	T0606	3mm 内槽刀		
7	T0707	60°内螺纹刀		

2. 加工工艺步骤

工序1：加工零件2左侧内孔部分：

序号	工艺路线	加工方式（指令）	刀具号	备注
1	装夹棒料伸出长20mm，车夹位，平端面	手动	T0101	
2	调头装夹夹位伸出长15mm左右，平端面取总长	手动	T0101	
3	钻A3中心孔	手动	A3中心钻	
4	钻ϕ12，深度20mm底孔	手动	ϕ12钻头	
5	扩孔ϕ21，深度20mm	手动	ϕ21钻头	
6	粗车内孔	G71	T0505	
7	精车内孔	G70	T0505	
8	车3×ϕ28内槽	G75	T0606	
9	车M24×1.5内螺纹	G76	T0707	

工序2：加工零件1左半部分

序号	工艺路线	加工方式（指令）	刀具号	备注
1	装夹棒料伸出长30mm，车夹位，平端面	手动	T0101	
2	调头装夹夹位伸出长30mm以上，平端面取总长	手动	T0101	
3	粗车外圆到ϕ48尺寸结束并外延长1mm	G71	T0101	
4	精车外圆到ϕ48尺寸结束并外延长1mm	G70	T0101	

工序3：加工零件1右半部分

序号	工艺路线	加工方式（指令）	刀具号	备注
1	调头装夹零件1左侧ϕ30部分	手动		
2	粗车外圆到M24螺纹退刀槽结束	G71	T0101	
3	精车外圆到M24螺纹退刀槽结束	G70	T0101	
4	车4×ϕ20外槽	G75	T0303	
5	车M24×1.5外螺纹	G76	T0404	

注意：加工完成后不要将零件1拆下。

工序4：加工零件2外轮廓

序号	工艺路线	加工方式（指令）	刀具号	备注
1	将零件2已加工内孔部分旋入零件左半部分（如装配图）	手动		
2	配合一体粗车零件1、2外轮廓至ϕ48尺寸开始倒角并延长外出1mm	G73	T0202	
3	配合一体精车零件1、2外轮廓至ϕ48尺寸开始倒角并外延长1mm	G70	T0202	

参考加工程序：略

3. 项目评分表

考件编号：　　　　　　　姓名：

总分：

（1）现场操作分

序号	项目	考核内容	配分	考场表现	得分
1	现场操作规范	正确使用车床	2		
2		正确使用量具	2		
3		正确使用刃具	2		
4		正确维护保养	4		
合计			10		

（2）零件1质量分

序号	考核项目	扣分标准	配分	实际尺寸	得分
1	总长77mm	每超差0.02扣1分	4		
2	外径$\phi48$	每超差0.01扣1分	4		
3	外径$\phi30$	每超差0.01扣1分	5		
4	外径$\phi26$	每超差0.01扣1分	5		
5	外槽4×2mm	宽度2分，直径2分，超差全扣	4		
6	锐角倒钝/倒角	一处未做扣2分	6		
7	表面粗糙度	50%达到2分，80%达到4分，100%达到6分，刀具碰伤全扣	6		
8	2处圆弧R5	超差0.1全扣（每处3分）	6		
9	外螺纹M24	环规检测，不合格全扣5分	5		
合计			45		

（3）零件2质量分

序号	考核项目	扣分标准	配分	实际尺寸	得分
1	总长32mm	超差0.05全扣	4		
2	外径$\phi48$	每超差0.05全扣	5		
3	内槽	超差0.05全扣	5		
4	倒角	每个不合格扣1分，工艺倒角2分（一处没倒全扣）	5		
5	内螺纹M24	螺纹塞规检测，不合格全扣5分	5		
6	表面粗糙度	50%达到2分，80%达到4分，100%达到6分，刀具碰伤全扣	6		
合计			30		

（4）配合分

序号	考核项目	扣分标准	配分	实际尺寸	得分
1	总长94mm	每超差0.01扣1分	5		
2	配合间隙	配合间隙大于0.2全扣	5		
3	R24圆球	表面整体光洁度下降1挡全扣	5		
合计			15		

任务5　数控车床高级职业技能鉴定样题5

试编制如图8-5-1～图8-5-3所示数控车床高级工配合零件的加工工序卡及加工程序，并上机进行加工实操。毛坯为 $\phi45\times73$mm、$\phi50\times35$mm 的#45钢各一根。

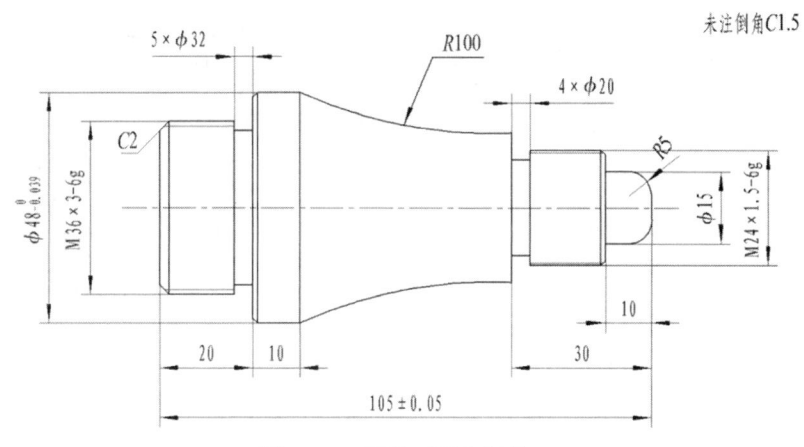

图 8-5-1　高级工配合零件 1

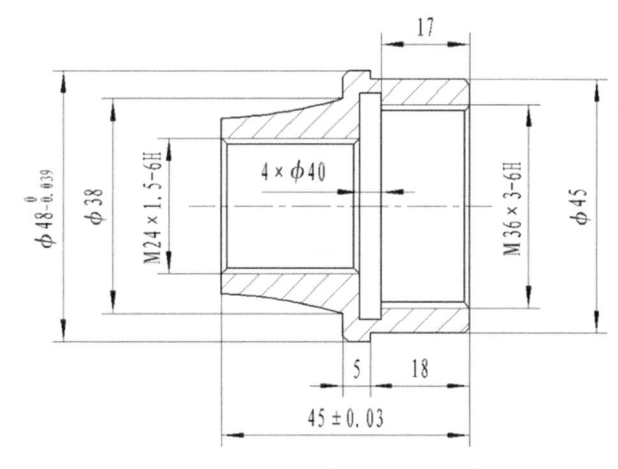

图 8-5-2　高级工配合零件 2

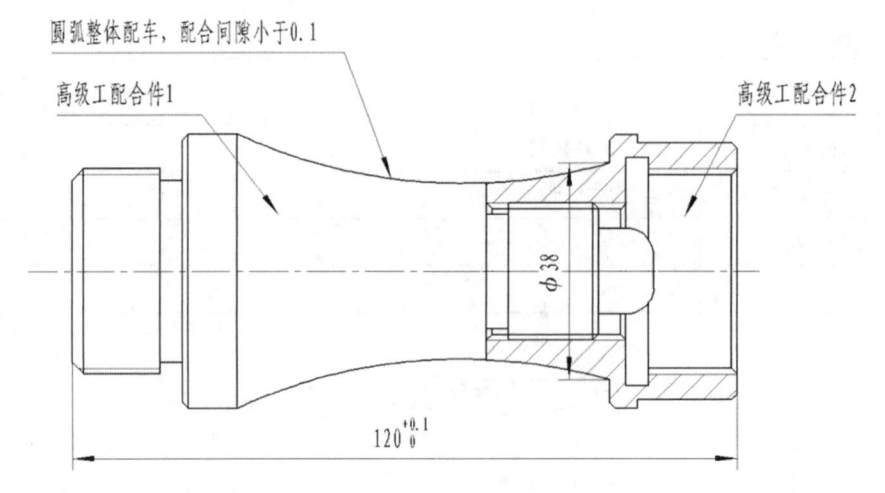

图 8-5-3　高级工装配体

1. 刀具列表

序号	刀具号	刀具名称	刀具图片	备注
1	T0101	93°外圆刀		
2	T0202	35°仿形刀		
3	T0303	3mm 外槽刀		
4	T0404	60°外螺纹刀		
5	T0505	内孔刀		
6	T0606	3mm 内槽刀		
7	T0707	60°内螺纹刀		

2. 加工工艺步骤

工序1：加工零件1右侧螺纹外圆部分

序号	工艺路线	加工方式（指令）	刀具号	备注
1	装夹棒料伸出长50mm，车夹位，平端面	手动	T0101	
2	粗车外圆到M36螺纹退刀槽结束位置	G71	T0101	
3	精车外圆到M36螺纹退刀槽结束位置	G70	T0101	
4	车5×ϕ32外槽	G75	T0303	
5	车M36×3外螺纹	G76	T0404	
6	调头装夹夹位伸出长40mm左右，平端面取总长	G94	T0101	
7	粗车外圆到M24螺纹退刀槽结束位置	G71	T0101	
8	精车外圆到M24螺纹退刀槽结束位置	G70	T0101	
9	车4×ϕ20外槽	G75	T0303	
10	车M24×1.5外螺纹	G76	T0404	

工序2：加工零件2右半部分外圆及全部轮廓

序号	工艺路线	加工方式（指令）	刀具号	备注
1	装夹棒料伸出长30mm，车夹位，平端面	手动	T0101	
2	调头装夹夹位伸出长30mm以上，平端面取总长	G94	T0101	
3	粗车外圆到ϕ48尺寸结束并外延长1mm	G71	T0101	
4	精车外圆到ϕ48尺寸结束并外延长1mm	G70	T0101	
5	钻A3中心孔	手动	A3中心钻	
6	钻ϕ12通孔	手动	ϕ12钻头	
7	扩孔ϕ21通孔	手动	ϕ21钻头	
8	粗车内孔	G71	T0505	
9	精车内孔	G70	T0505	
10	车4×ϕ28内槽	G75	T0606	
11	车M24×1.5内螺纹	G76	T0707	
12	车M36×3内螺纹	G76	T0707	

工序3：加工零件2左半部分内轮廓

序号	工艺路线	加工方式（指令）	刀具号	备注
1	调头装夹零件2右ϕ45部分，并将零件1右侧螺纹旋入（如装配图）	手动		
2	粗车外圆到ϕ48开始倒角位置并外延长1mm	G73	T0202	
3	精车外圆到ϕ48开始倒角位置并外延长1mm	G70	T0202	

参考加工程序：略

3. 项目评分表

考件编号：　　　　　　　　姓名：

总分：

（1）现场操作分

序号	项目	考核内容	配分	考场表现	得分
1	现场操作规范	正确使用车床	2		
2		正确使用量具	2		
3		正确使用刃具	2		
4		正确维护保养	4		
合计			10		

（2）零件1质量分

序号	考核项目	扣分标准	配分	实际尺寸	得分
1	总长105mm	每超差0.02扣1分	4		
2	外径$\phi 48$	每超差0.01扣1分	4		
3	外径$\phi 15$	超差0.03全扣	5		
4	外槽5×$\phi 32$	宽度2分，直径2分，超差全扣	4		
5	外槽4×$\phi 20$	宽度2分，直径2分，超差全扣	4		
6	锐角倒钝/倒角	一处未做扣2分	6		
7	表面粗糙度	50%达到2分，80%达到4分，100%达到6分，刀具碰伤全扣	6		
8	圆弧$R5$	超差0.1全扣	6		
9	外螺纹M24	环规检测，不合格全扣5分	6		
合计			45		

(3)零件2质量分

序号	考核项目	扣分标准	配分	实际尺寸	得分
1	总长45mm	超差0.05全扣	4		
2	外径ϕ45	超差0.05全扣	5		
3	内槽	超差0.05全扣	5		
4	倒角	每个不合格扣1分，工艺倒角2分（一处没倒全扣）	5		
5	内螺纹M24	螺纹塞规检测，不合格全扣5分	5		
6	内螺纹M36	螺纹塞规检测，不合格全扣5分	5		
7	表面粗糙度	50%达到2分，80%达到4分，100%达到6分，刀具碰伤全扣	6		
合计			35		

(4)配合分

序号	考核项目	扣分标准	配分	实际尺寸	得分
1	总长120mm	每超差0.01扣1分	5		
2	R100圆弧	无整体配车全扣	5		
合计			10		

项目九 CAM 自动编程——CAXA CAM 数控车的应用

CAXA CAM数控车是我国北京数码科技大方科技有限公司推出的一款集合二维图形设计和数控车床加工编程的CAD/CAM软件，它具有强大的CAD软件绘图功能和完善的外部数据转换接口，可以任意绘制复杂的二维图形；同时，它还具有数控车床自动编程的能力，能够利用绘制的二维车床零件外形图生成复杂的刀具加工路径，并运用后处理功能生成相应车床的加工程序，极大地降低了复杂车床零件的编程难度。

任务1 CAXA CAM 数控车 2020 软件安装及基本绘图

任务导一导

现有某数控车床加工企业，由于该企业主营业务为机械产品研发代加工，所加工数控车床的零件特点是相对外形的复杂多变，因此企业需要购买一批数控车床自动编程软件，以方便零件曲线外形加工的编程。经过对比后，该公司最终选择了国产CAXA CAM数控车，现需要企业编程人员安装该软件，并进行简单的软件绘图操作。

知识学一学

CAXA CAM2020 软件的安装

1. 软件的下载

软件用户可以通过登录官网，进入官网的软件下载区下载软件。本书后面将讲解CAXA CAM数控车2020版本，请读者按照要求，对软件进行下载并按照下列步骤进行软件的安装。

（1）单击 图标，选择以管理员身份运行。

（2）进入安装界面，在打开的窗口中单击"下一步"按钮，如图9-1-1所示。

项目九　CAM 自动编程——CAXA CAM 数控车的应用

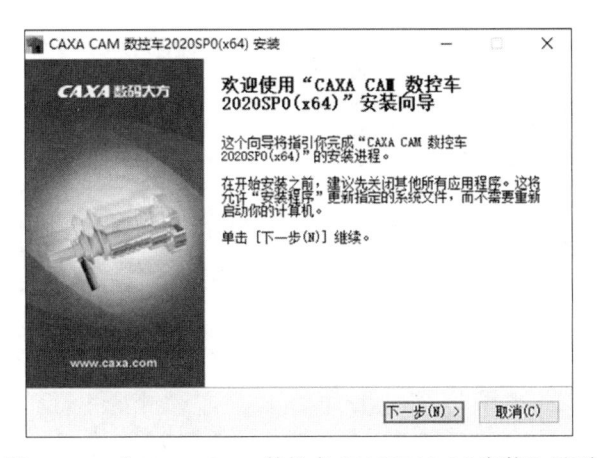

图 9-1-1　"CAXA CAM 数控车 2020SP0(x64)安装"界面

（3）在"许可证协议"窗口中单击"我接受"按钮，如图9-1-2所示。

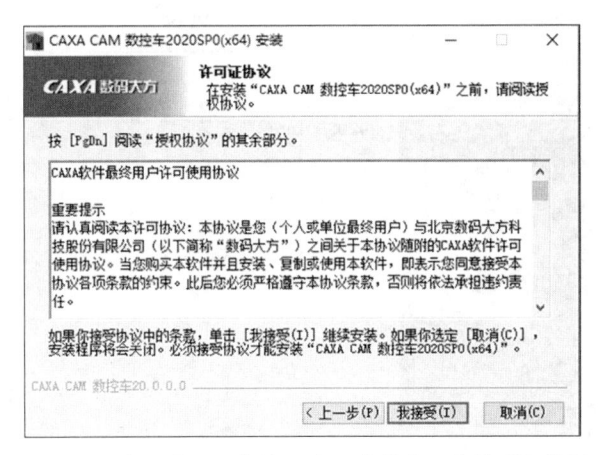

图 9-1-2　在"许可证协议"窗口中单击"我接受"按钮

（4）选择安装位置（尽量不要安装到C盘系统盘），单击"安装"按钮后即可进行软件的安装，如图9-1-3所示。

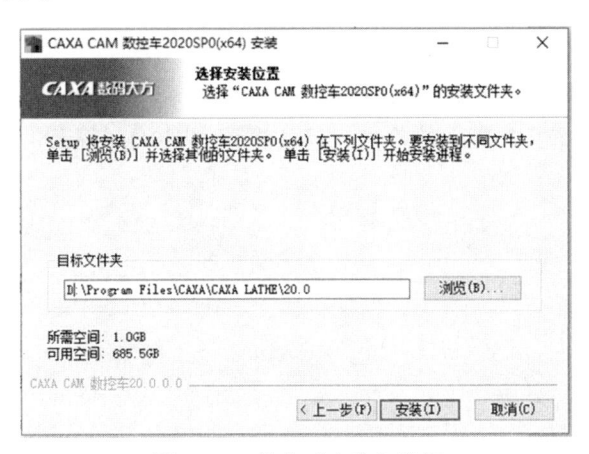

图 9-1-3　单击"安装"按钮

(5)等待安装完成后,单击"完成"按钮即可,如图9-1-4和图9-1-5所示。

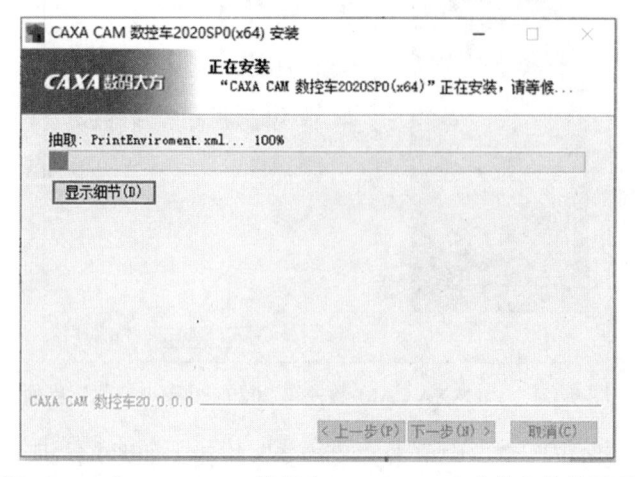

图 9-1-4 "CAXA CMA 数控车 2020SP0(x64)安装"等待界面

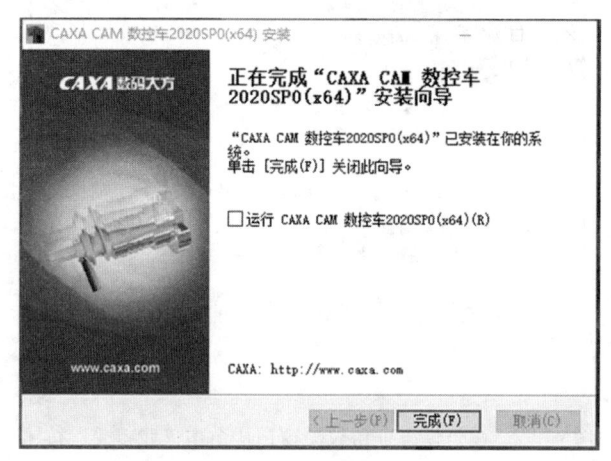

图 9-1-5 "CAXA CMA 数控车 2020SP0(x64)安装"完成界面

(6)双击 图标,即可进入软件,安装后单击"激活"按钮,完成相应激活步骤后,即可应用软件。

2. CAXA CAM 数控车 2020 软件界面介绍

CAXA CAM数控车2020版本软件进入后的界面如图9-1-6所示。

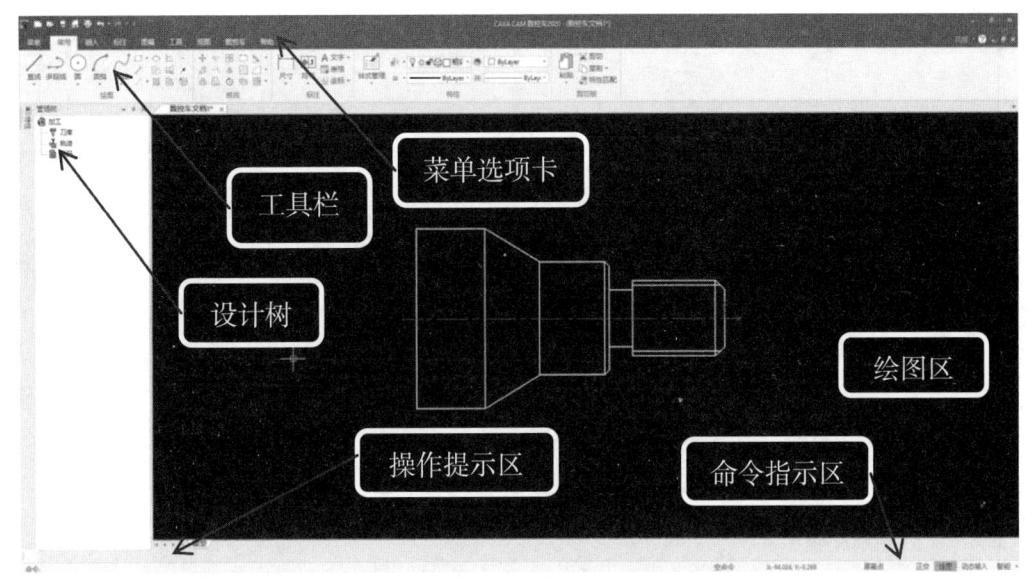

图 9-1-6　CAXA CAM 数控车 2020 软件的操作界面

菜单选项卡位于软件窗口顶部，由一系列菜单以选项卡的形式呈现，包括"菜单""常用""插入""标注""图幅""工具""视图""数控车"以及"帮助"。单击任意选项卡标签，下面就会切换成相应的选项卡内容，单击需要使用的工具栏内容即可使用该工具。

工具栏区域包括很多经典机械设计软件的模式，利用工具栏中的工具，可以在绘图区中进行相应的操作完成设计内容。工具栏中的内容，可以通过自定义的方式设置是否显示，也可以根据用户的习惯，创建新的工具栏。

绘图区是用户进行设计和编程的工作区。它占据屏幕的绝大多数空间，默认背景颜色为黑色，以保护用户的视力，使用户在长时间工作时不容易疲劳。

命令指示区主要显示当前使用的命令的执行状态。

操作提示区主要是对操作命令进行的步骤进行操作提示的，有时也是多种操作方式的切换窗口，为用户下一步的操作命令步骤进行相应的提示操作，大大降低了用户的工作难度。

设计树主要是以更加直观的方式呈现当前工作任务的相关信息，如刀具信息、路径信息及代码信息等。该功能是CAXA CAM数控车2020款的新功能，用户可以通过设计树修改数控车编程过程中的很多参数，善于使用设计树，可以大大提高用户的工作效率。

任务练一练

（1）软件安装。请在你所使用的计算机上，安装CAXA CAM数控车。
（2）请使用CAXA CAM数控车软件，绘制工程图如图9-1-7所示。

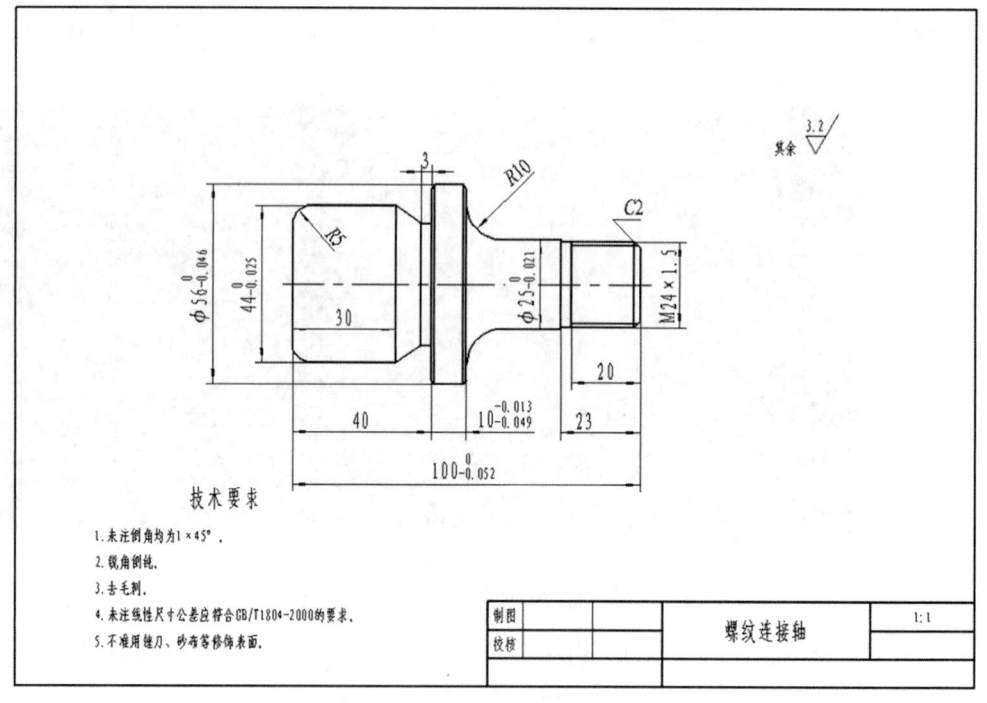

图 9-1-7　螺纹连接轴绘图练习

（3）请使用CAXA CAM数控车软件，绘制工程图如图9-1-8所示。

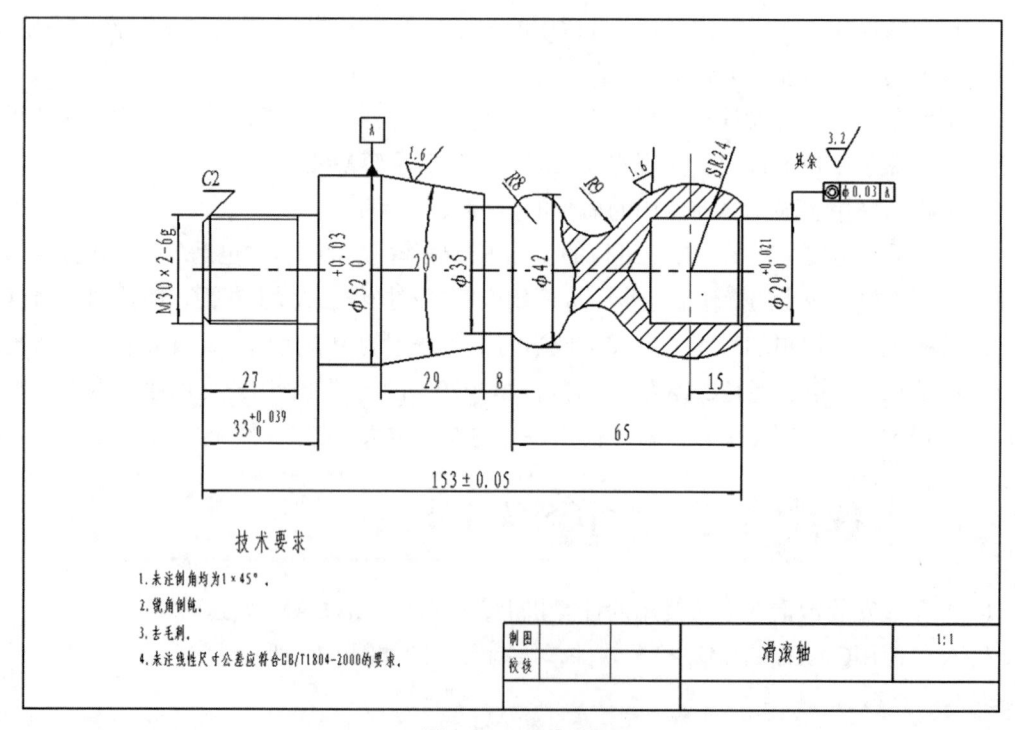

图 9-1-8　工程图

使用CAXA CAM数控车软件，绘制工程图如图9-1-9、图9-1-10和图9-1-11所示。

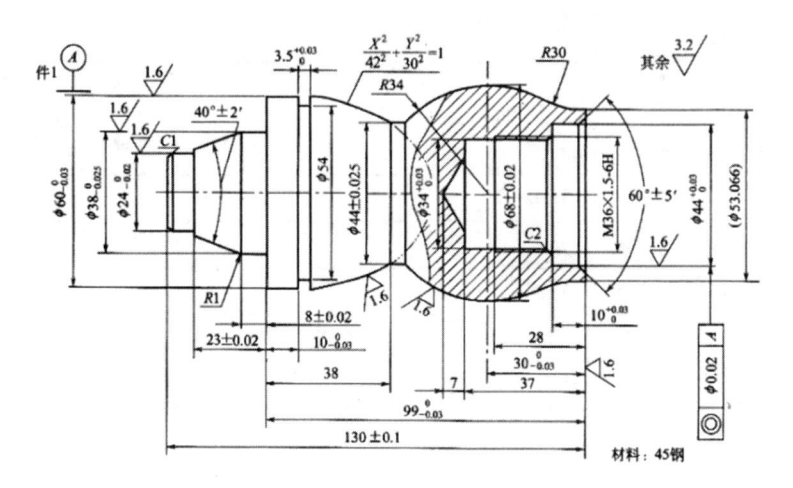

图 9-1-9　工程图（1）

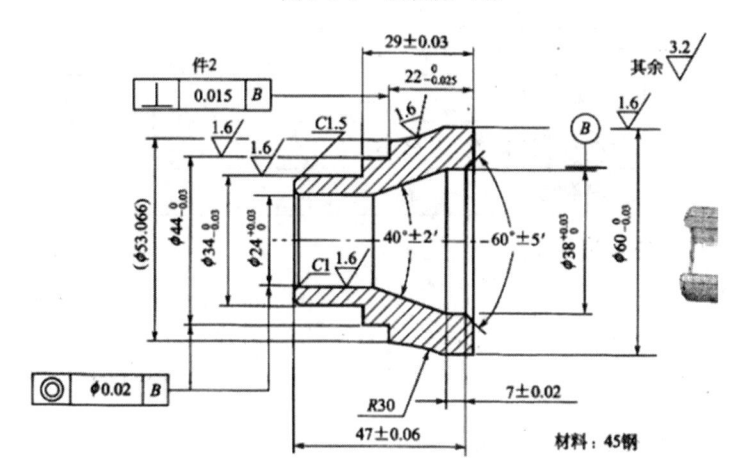

图 9-1-10　工程图（2）

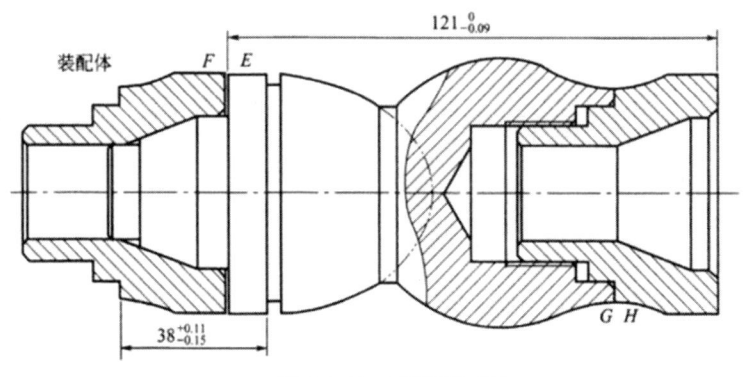

图 9-1-11　工程图（3）

收获评一评

评价项目	配分	评价内容	综合评价			最终得分
			自评	互评	教师评价	
职业素养	30	迟到（5分）				
		早退（5分）				
		串岗（5分）				
		6S管理（5分）				
		认真完成任务（10分）				
专业能力（软件应用）	70	软件安装（10分）				
		基本图形绘制（15分）				
		图框调用及填写（10分）				
		尺寸标注（10分）				
		公差标注（10分）				
		技术要求（10分）				
		布局规划（5分）				
学习心得						
教师评语						最终成绩

任务 2 零件外轮廓加工的自动编程

任务导一导

现校企合作企业接到如图9-2-1所示的光轴零件的加工任务，需要校企合作企业中的程序人员，使用CAXA CAM数控车软件完成对该零件外轮廓粗、精加工的编程。零件材料为 $\phi60 \times 82$mm的45#圆钢。

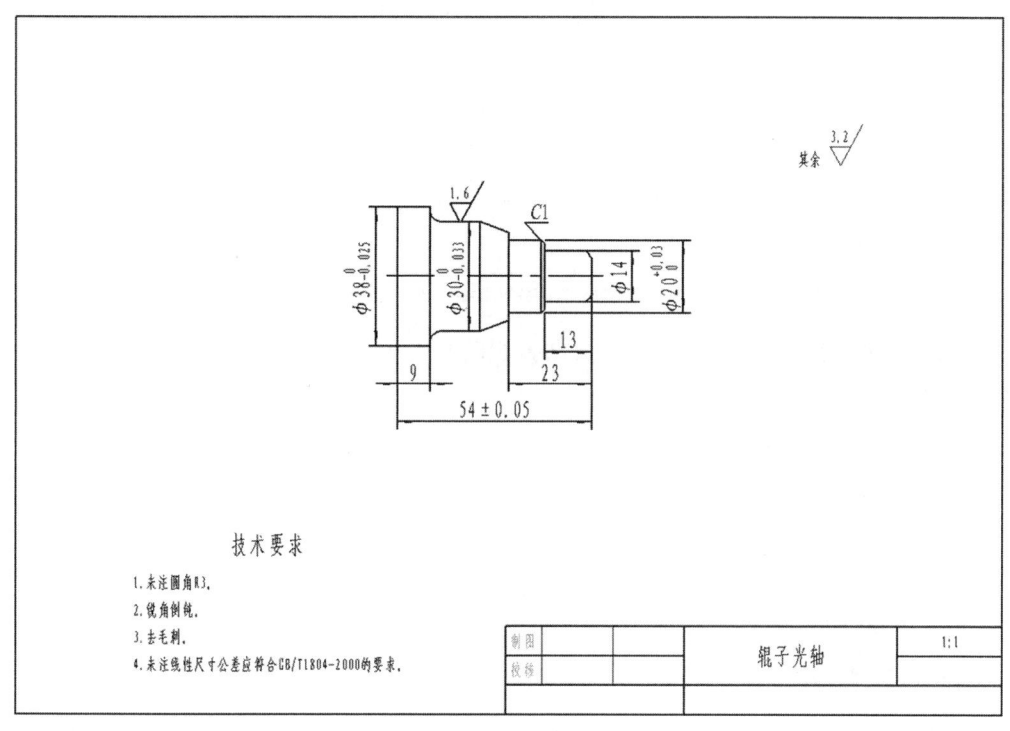

图 9-2-1 光轴零件图

知识学一学

现以图9-2-2所示的光轴零件讲解CAXA CAM数控车床自动编程软件的应用过程，作为完成该任务的参考。

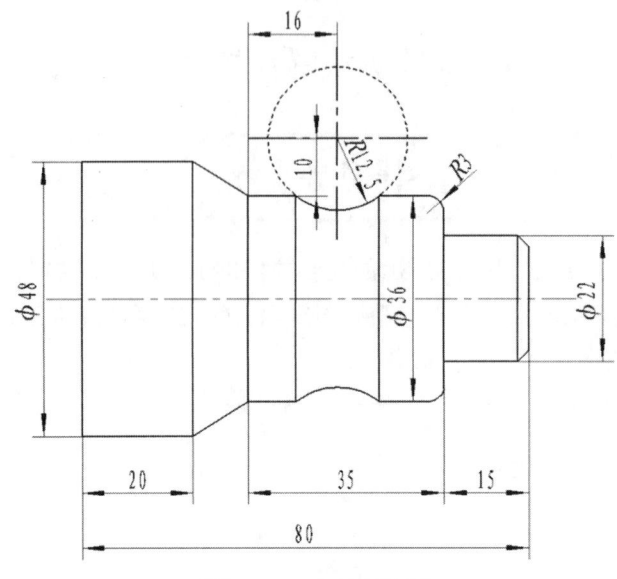

图 9-2-2　光轴零件图

一、CAXA CAM 数控车自动编程的基本步骤

利用CAXA CAM数控车完成零件自动编程的基本步骤如下。
（1）绘制零件外轮廓图纸。
（2）设置车床的相应参数。
（3）根据零件加工工艺顺序设置相应的加工刀具。
（4）选择相应的加工方式生成刀具路径。
（5）仿真验证路径并进行参数调整。
（6）后置处理。

二、外轮廓粗车自动编程

1. 建立加工坐标系并绘制加工零件外轮廓

根据数控车床编程的习惯，我们一般会把工件坐标系建立在被加工零件的最右边端面，因此在绘制零件图外形时，需要将零件图的最右端与软件中的加工坐标系相重合，以保证在后处理生成G代码时的坐标与建立的工件坐标相重合。

在做轮廓加工时，零件图的外轮廓绘制可以只绘制半边的轮廓图形（槽在此阶段可以先补上，即不用绘制出来，等加工槽时另行补充绘制即可），如图9-2-3所示。注意轮廓线的中间必须相接不能有缺口、分支结构和重复的线段，以免在生成加工路径时出错。

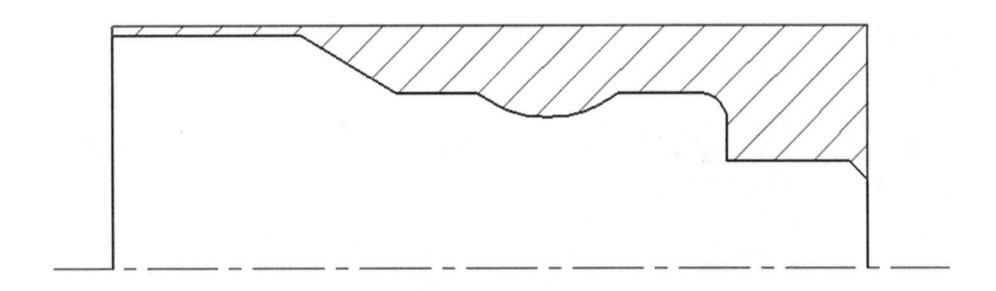

图 9-2-3 光轴零件外轮廓及毛坯外轮廓

2. 根据毛坯尺寸绘制毛坯轮廓

毛坯轮廓即毛坯的外形尺寸,如图9-2-3所示,该轮廓必须与被加工轮廓组成封闭区域(图中剖面线位置),在此区域的毛坯材料即为需要被加工去除的材料。

3. 创建加工刀具

右键单击,在弹出的快捷菜单中选择"管理树"中的"刀库"选项,选择"创建刀具"选项,如图9-2-4所示,弹出"编辑刀具"对话框。根据所使用刀具参数填写"轮廓车刀"选项卡,主要是刀具角度、刀尖半径及补偿号,如图9-2-5所示。

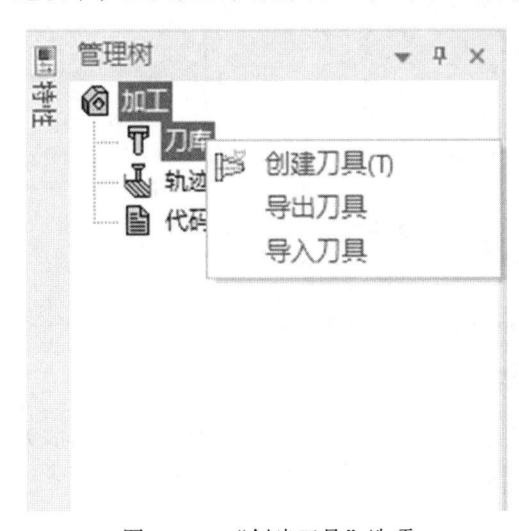

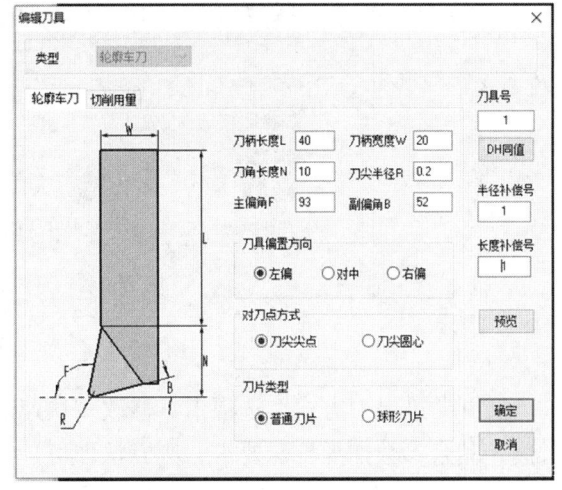

图 9-2-4 "创建刀具"选项   图 9-2-5 "编辑刀具"中的"轮廓车刀"选项卡

填写完成后,转到"切削用量"选项卡,可以根据加工材料和刀具情况填写相应的切削用量(这里以加工铝材为例填写切削用量),全部填写完成后单击"确定"按钮,即可完成刀具的创建。开始创建加工刀路任务前可以将使用的刀具全部建立好,以方便后面创建加工路径时直接调用。

4. 选择粗车加工工具、设置加工参数并生成加工路径

在做完前面的路径生成准备工作后,接下来我们就可以按照加工工艺的要求,生成相应的粗加工路径。转到"数控车"选项卡,在其中单击"车削粗加工"图标,如图9-2-6所

示，即可弹出"车削粗加工（创建）"对话框，在"加工参数"选项卡中，按照加工要求填写相应的加工参数，如图9-2-7所示。

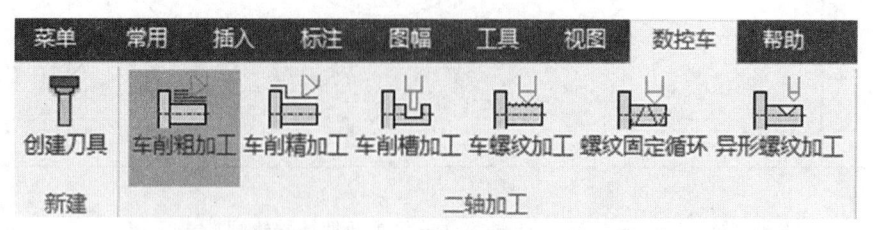

图 9-2-6　单击"数控车"选项卡中的"车削粗加工"图标

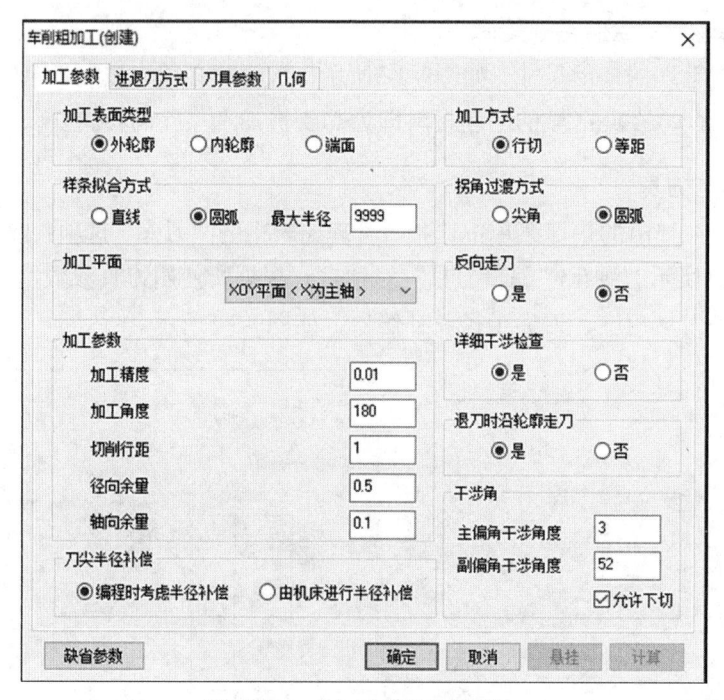

图 9-2-7　"加工参数"选项卡

转到"进退刀方式"选项卡，修改"快速退刀距离"值为"2"，以缩短不必要的退刀长度，其余参数如无特殊要求，则默认即可，如图9-2-8所示。

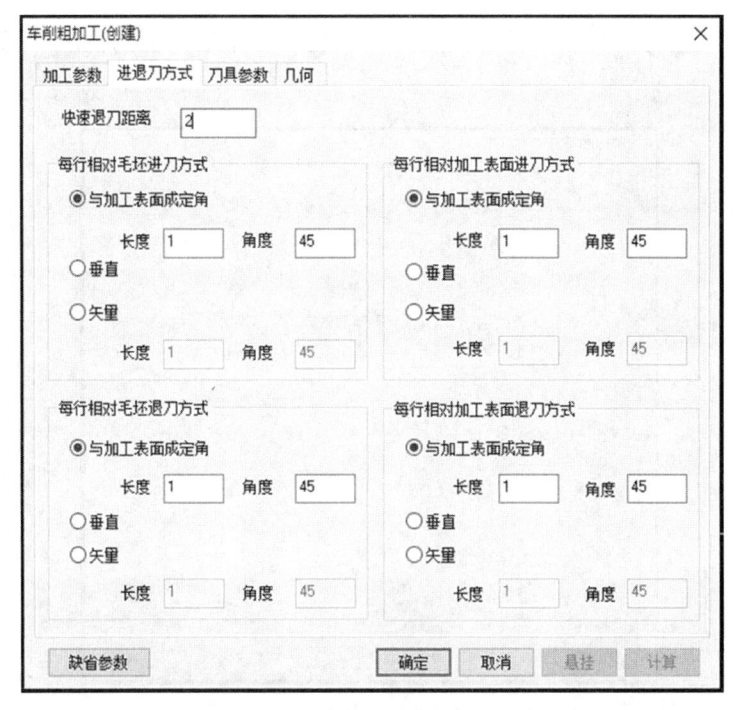

图 9-2-8 "进退刀方式"选项卡

转到"刀具参数"选项卡，单击"类型"下拉菜单，在"类型"下拉列表中选择"轮廓车刀"选项，则刀具参数会自动加载，如图9-2-9所示。

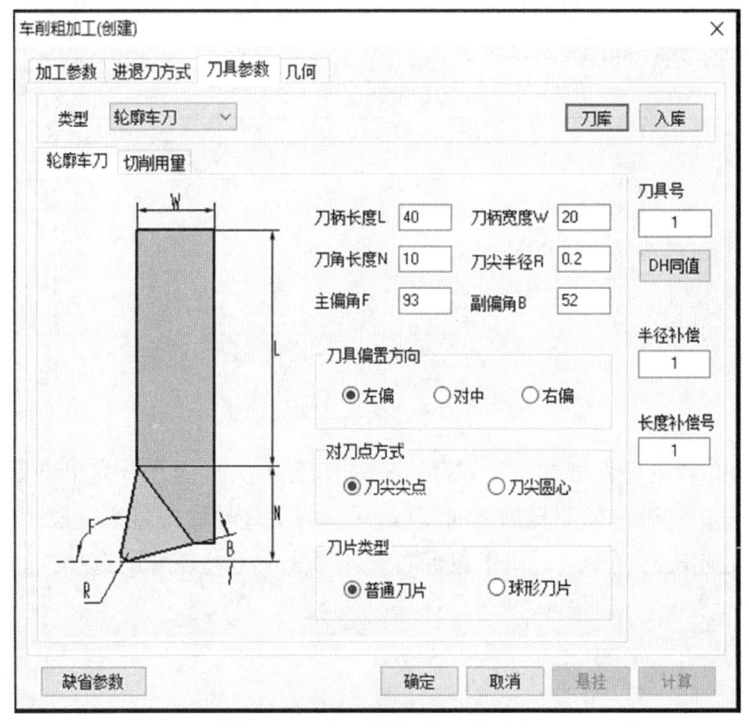

图 9-2-9 "刀具参数"选项卡

转到"几何"选项卡,如图9-2-10所示,该选项卡中的内容为生成加工刀具路径的必要参数。

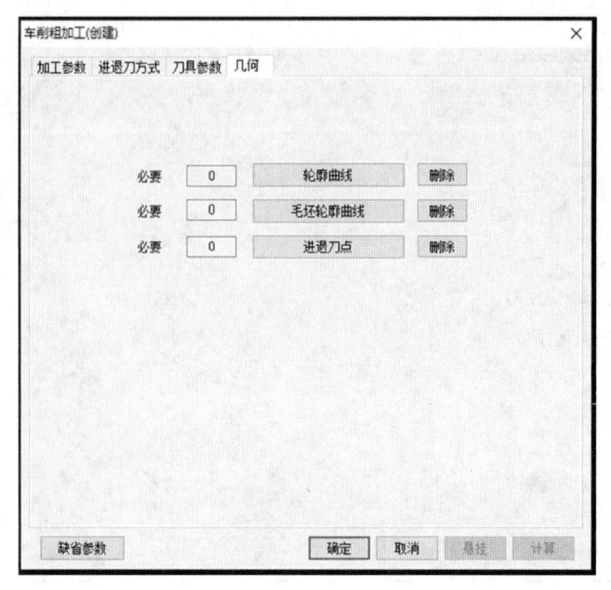

图 9-2-10 "几何"选项卡

第1步,选择"轮廓曲线"选项,选项卡会自动折叠,单击鼠标左键选择加工轮廓的第一段线段(最右端的倒角),然后选择"扫描方向"(即加工路线的扫描方向),最后选择加工路线的最后一段直线(轮廓线结尾),选择完成后该加工轮廓会变红,单击鼠标右键即可完成该内容的选择,如图9-2-11所示。

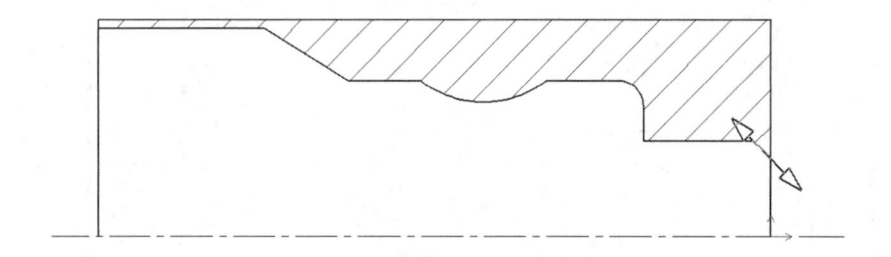

图 9-2-11 "轮廓曲线"选项

第2步,选择"毛坯轮廓曲线"选项,选项卡会再次折叠,首先单击鼠标左键选择毛坯轮廓的第一段,然后选择"扫描方向",最后选择毛坯轮廓的最后一段(轮廓线结尾),选择完成后,毛坯轮廓会变红,单击鼠标右键即可完成毛坯轮廓的选择,如图9-2-12所示。

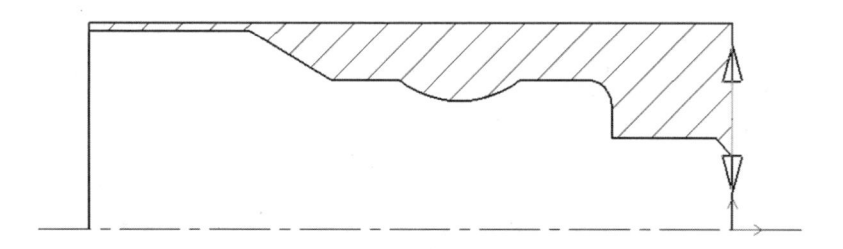

图 9-2-12　车削粗加工"毛坯轮廓曲线"选项

第3步，选择"进退刀点"选项，选项卡会再次折叠，用鼠标左键选择相应进退刀点的位置即可（毛坯外部安全位置），单击鼠标右键完成选择。完成所有的选项后，单击"确定"按钮，即可生成刀具运行路径，如图9-2-13和图9-2-14所示。

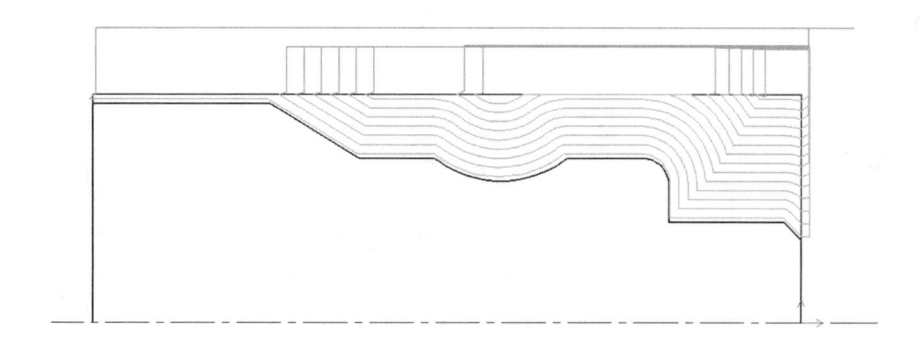

图 9-2-13　加工方式为"等距"时生成的加工路线

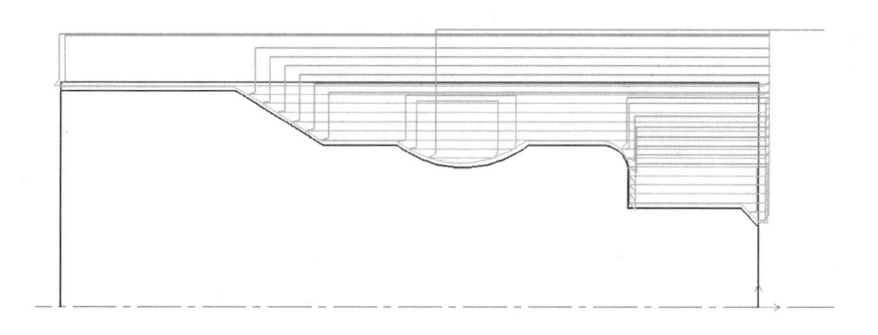

图 9-2-14　加工方式为"行切"时生成的加工路线

5. 加工路径模拟

生成加工路径后，我们就可以对加工路径进行仿真加工模拟，选中相应的加工路径，单击"数控车"选项卡中的 图标，即可弹出的"线框仿真"对话框，如图9-2-15所示。单击"前进"按钮即可对所生成的刀具路径进行仿真验证，拖动"速度"中的滑条可以更改相应的模拟速度。

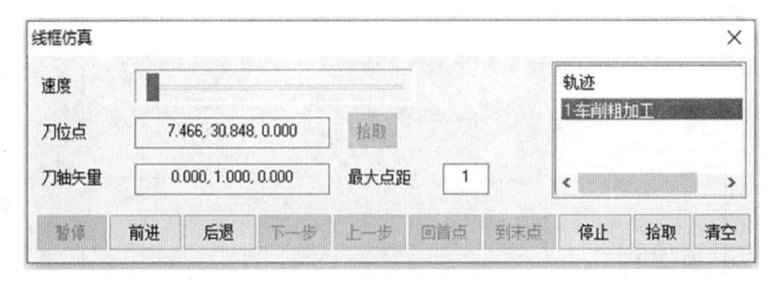

图 9-2-15 "线框仿真"对话框

6. 后置处理生成 G 代码

所谓后置处理，就是指将生成的刀具路径，根据选中的车床类型生成相应的加工G代码的过程。在后置处理之前，我们应先进行后置设置，选择相应的后置车床类型，设置相应的程序头以及一些特殊的车床程序要求。在"数控车"选项卡中单击 图标，即可弹出"后置设置"对话框，如图9-2-16所示。选择相应的后置处理车床类型后，可以更改相应的程序内容以及G代码要求，完成后单击"保存"按钮即可。

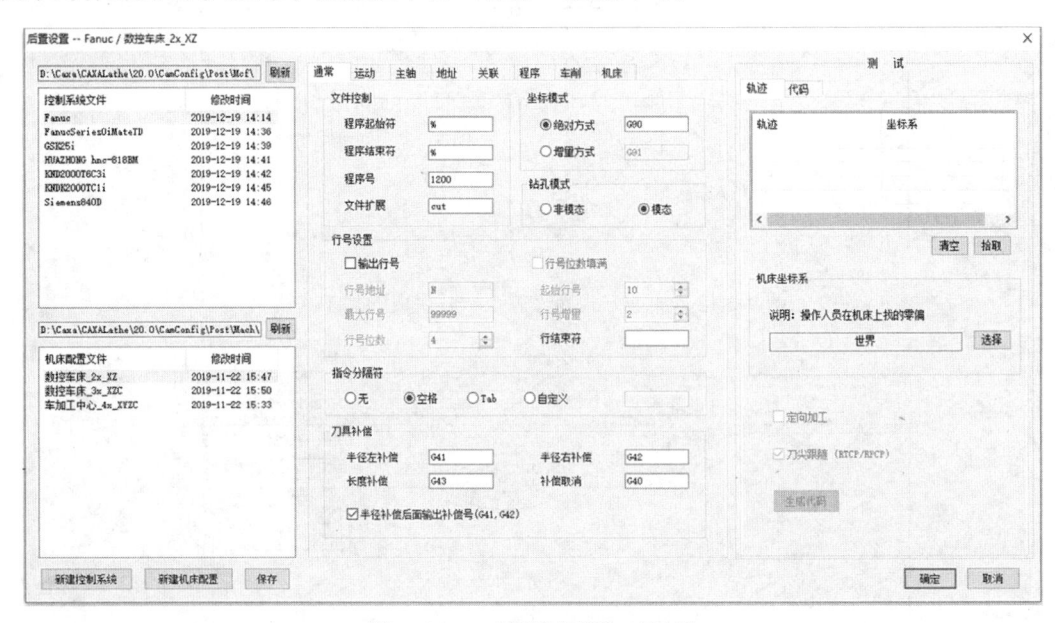

图 9-2-16 "后置设置"对话框

完成后置设置后，即可选择相应的加工路径生成相应的后置处理G代码。单击"数控车"选项卡中的 G 图标，即可弹出"后置处理"对话框，如图9-2-17所示。单击"拾取"按钮，按照顺序拾取先后生成的加工刀具路径，拾取完成后，单击"后置"按钮即可生成相应的加工G代码，如图9-2-18所示。

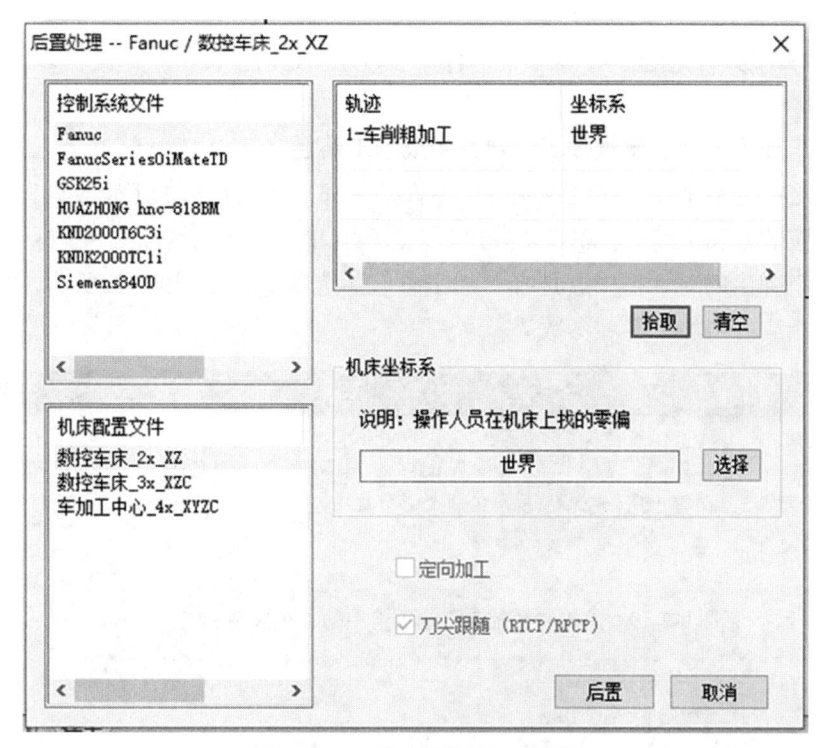

图 9-2-17 "后置处理"对话框

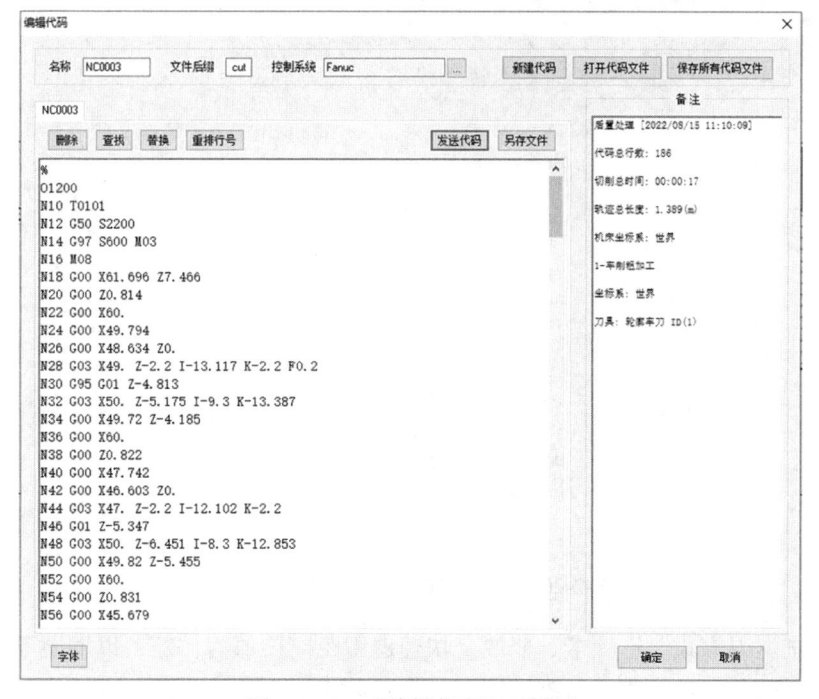

图 9-2-18 "编辑代码"对话框

三、零件外形精加工

选择精车加工工具、设置加工参数并生成加工路径

由于在之前的粗车环节已经绘制好了零件外轮廓，所以在精加工阶段可直接进行选择即可生成相应的精加工路径。单击"数控车"选项卡中的"车削精加工"图标，如图9-2-19所示，即可在弹出的对话框中，选择"加工参数"选项卡，如图9-2-20所示，按照实际加工工艺填写相应的精加工各项参数。

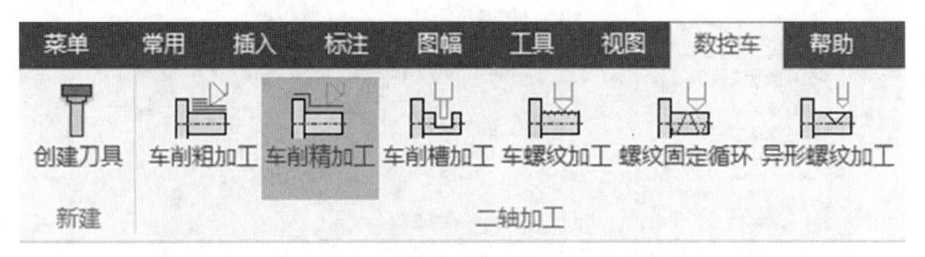

图 9-2-19　单击"数控车"选项卡中的"车削精加工"图标

图 9-2-20　车削精加工"加工参数"选项卡

转到"进退刀方式"选项卡，修改"快速退刀距离"值为"2"，以缩短不必要的退刀长度，其余参数如无特殊要求，默认即可，如图9-2-21所示。

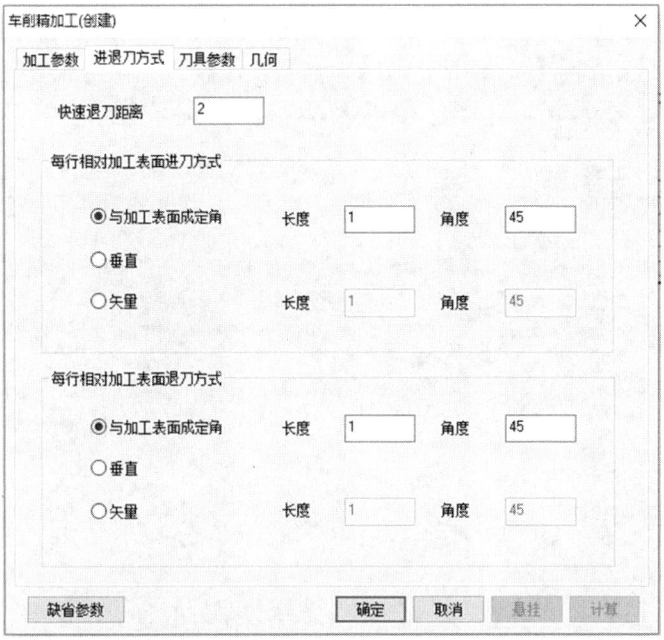

项目九　CAM自动编程——CAXA CAM数控车的应用

图9-2-21　车削精加工"进退刀方式"选项卡

转到"刀具参数"选项卡，单击"类型"下拉菜单，选择刚刚建立的"轮廓车刀"选项，则刀具参数会自动加载，这里由于选择粗、精车同一把刀具，因此需要进入"切削用量"选项卡进行切削用量的修改，如图9-2-22所示。

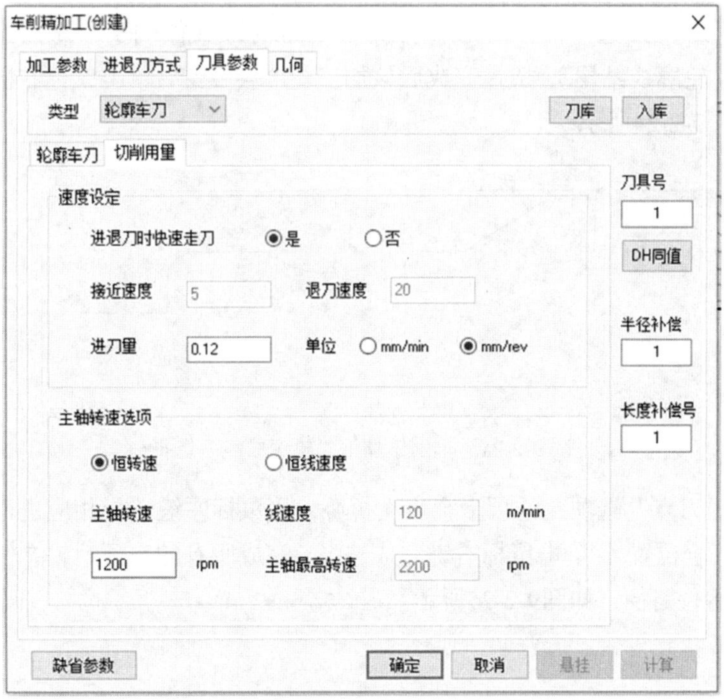

图9-2-22　"刀具参数-切削用量"选项卡

— 195 —

转到"几何"选项卡,如图9-2-23所示,该选项卡中的内容为生成加工刀具路径的必要参数。

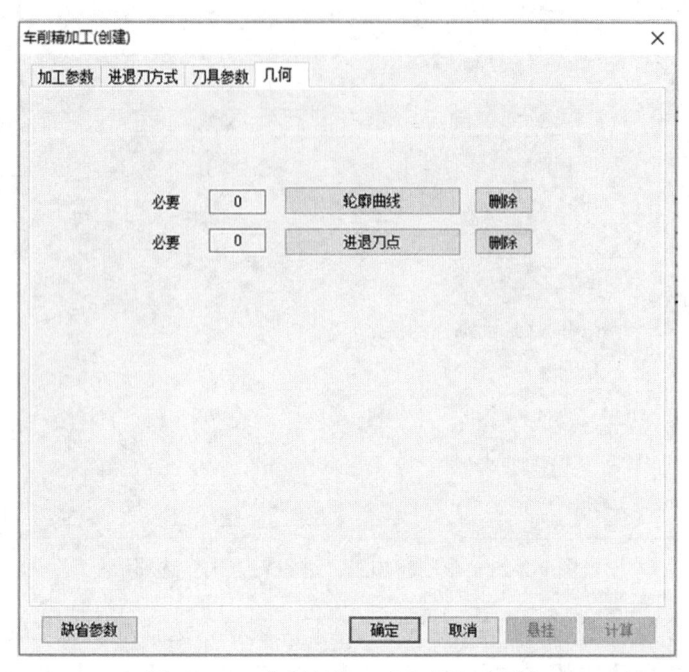

图 9-2-23 车削精加工"几何"选项卡

选择"轮廓曲线"选项,选项卡会自动折叠,用鼠标左键选择加工轮廓的第一段线段(最右端的倒角),然后选择"扫描方向"(即加工路线的扫描方向),最后选择加工路线的最后一段线段(轮廓线结尾),选择完成后该加工轮廓会变红,单击鼠标右键即可完成该内容的选择,如图9-2-24所示。

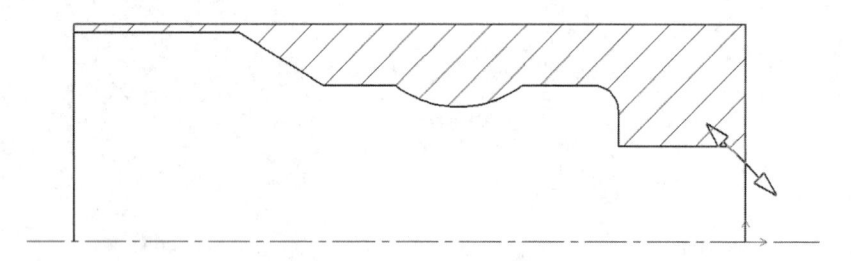

图 9-2-24 车削精加工"轮廓曲线"选择

选择"进退刀点"选项,选项卡会再次折叠,用鼠标左键选择相应进退刀点的位置即可(毛坯外部安全位置),单击鼠标右键完成选择。完成所有的选项后,单击"确定"按钮,即可生成刀具运行路径,如图9-2-25所示。

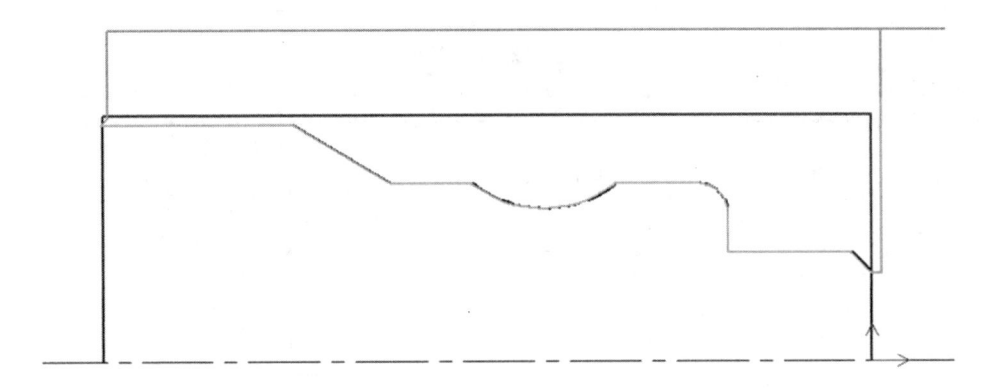

图 9-2-25　生成的精加工路线

完成后，进行相应的路径检查，无误后即可按照任务1中后置处理的步骤生成相应加工G代码即可。

任务练一练

（1）完成图9-2-1所示光轴粗车自动加工路线的生成，毛坯直径为$\phi 40$。要求：使用行切的方式（切深1mm），精加工余量（0.5mm），主轴转速600r/min，切削速度0.2mm/r。

（2）在（1）粗车的基础上，完成图9-2-1所示光轴精车自动加工路线生成。要求：精加工次数为2，主轴转速1200r/min，切削速度0.1mm/r。

（3）完成后，进行3D加工路线模拟仿真，进行加工刀路验证。

（4）生成粗、精车加工程序，并进行相应的程序修改。

收获评一评

评价项目	配分	评价内容	综合评价			最终得分
			自评	互评	教师评价	
职业素养	30	迟到（5分）				
		早退（5分）				
		串岗（5分）				
		6S管理（5分）				
		认真完成任务（10分）				
专业能力（软件应用）	70	加工路线、毛坯绘制（10分）				
		粗加工刀路的生成（15分）				
		精加工刀路的生成（15分）				
		加工仿真及参数调整（10分）				
		后置处理生成加工程序（10分）				
		软件的熟练操作（10分）				
学习心得						
教师评语						最终成绩

能力拓一拓

使用CAXA CAM数控车软件，完成如图9-2-26所示零件粗、精车刀具路线的生成，并进行3D模拟验证。

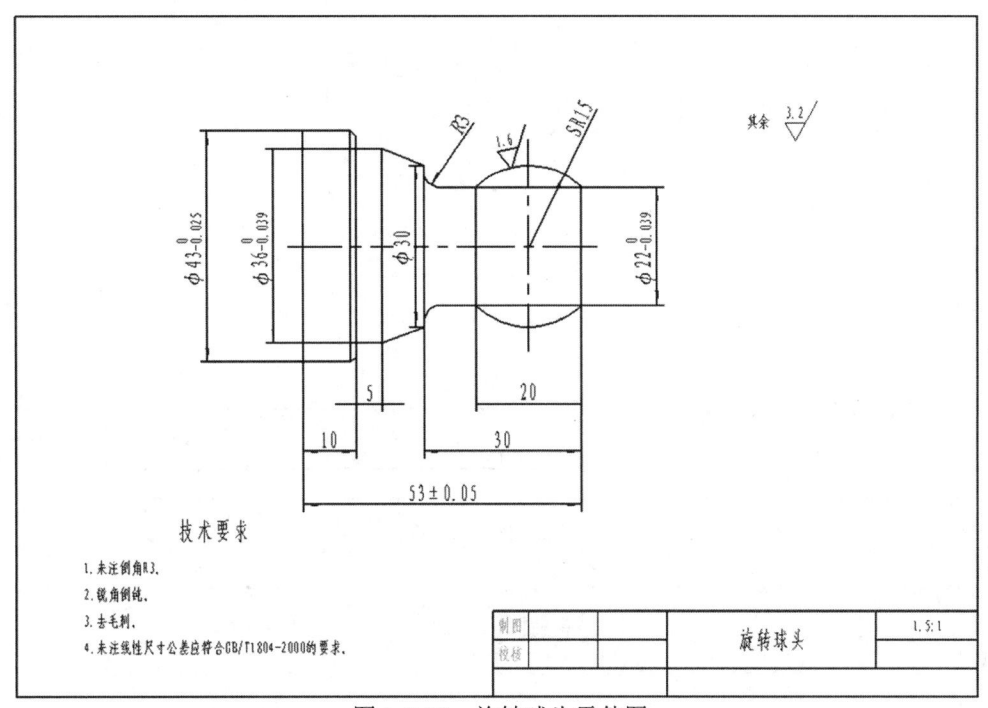

图 9-2-26 旋转球头零件图

任务3 零件内轮廓加工的自动编程

任务导一导

现校企合作企业接到如图9-3-1所示的内圆弧轴轴套零件的加工任务，需要校企合作企业中的程序人员，使用CAXA CAM数控车软件完成对该轴套零件的内轮廓的粗、精车的程序编制。零件材料为 $\phi 50 \times 42mm$ 的45#圆钢。

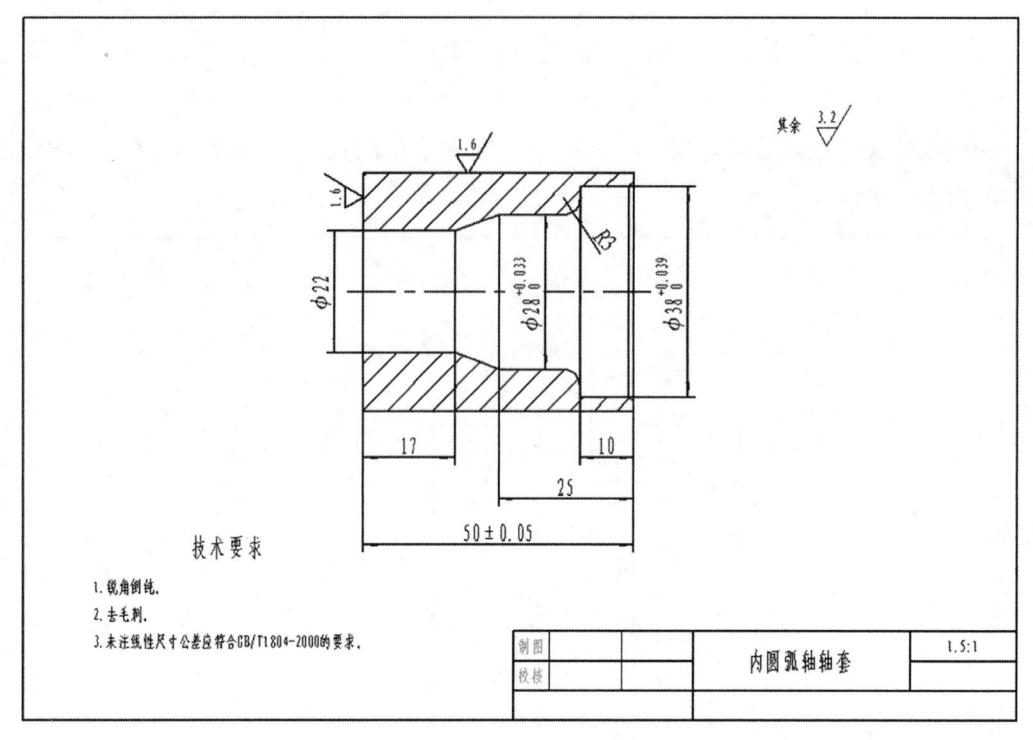

图 9-3-1　内圆弧轴轴套

知识学一学

现以如图9-3-2所示的轴套讲解CAXA CAM数控车床自动编程软件的应用过程，作为完成该任务的参考。

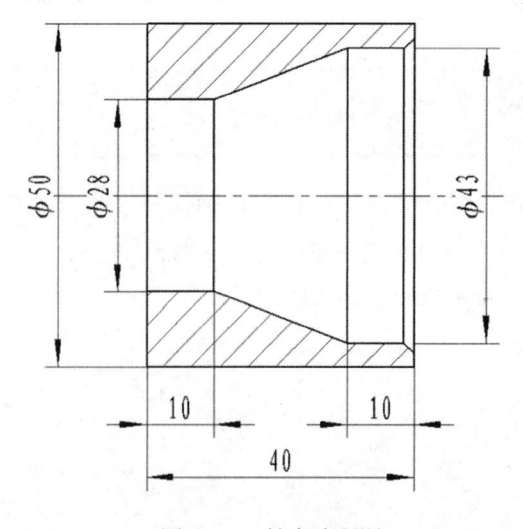

图 9-3-2　轴套编程图

一、内轮廓粗加工

1. 建立内轮廓及毛坯外形

根据数控车床编程的习惯,我们一般会把工件坐标系建立在被加工零件的最右边端面,因此在绘制零件图外形时,需要将零件图的最右端与软件中的加工坐标系相重合,以保证在后处理生成G代码时的坐标与建立的工件坐标相重合。

内轮廓加工刀具路径的生成与外轮廓相似,注意在绘制的过程中不要存在重线、分支,同时要注意毛坯轮廓的绘制必须要与加工轮廓封闭(这里采用$\phi 20$的钻头事先加工出底孔),具体的绘图内容,如图9-3-3所示。

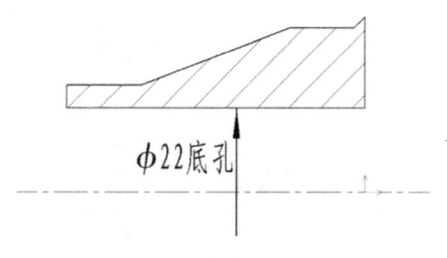

图 9-3-3 轴套内轮廓图

2. 创建加工刀具

右键单击,在弹出的快捷菜单中选择"管理树"中的"刀库"选项,选择"创建刀具"选项,弹出"创建刀具"对话框,如图9-3-4所示。根据所使用刀具参数填写"轮廓车刀"选项卡,主要是刀具角度、刀尖半径以及补偿号,如图9-3-5所示。

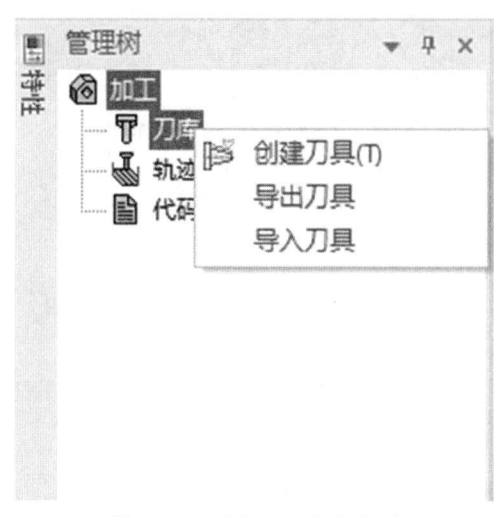

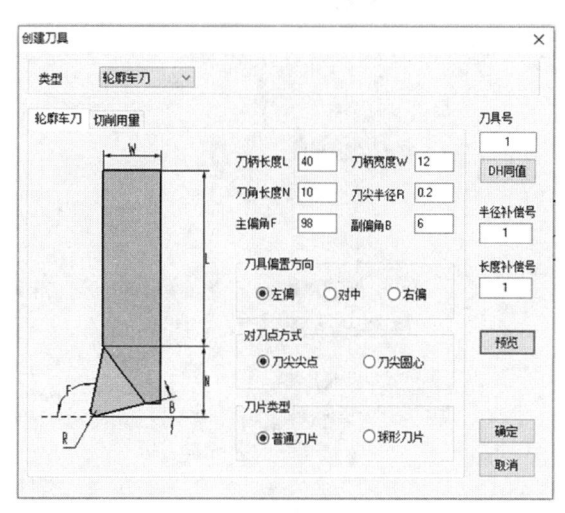

图 9-3-4 "创建刀具"选项　　图 9-3-5 "轮廓车刀"选项卡

填写完成后,转到"切削用量"选项卡,可以根据加工材料和刀具情况填写相应的切削用量(这里以加工铝材为例填写切削用量),全部填写完成后单击"确定"按钮,即可完成刀具的创建。开始创建加工刀路任务前可以将使用的刀具全部建立好，以方便后面创建加工路径时直接调用。

3. 选择粗车加工工具、设置加工参数并生成加工路径

在做完前面的路径生成准备工作后，接下来我们就可以按照加工工艺的要求，生成相应的粗加工路径。选择"数控车"选项卡，单击"车削粗加工"图标，如图9-3-6所示，即可弹出"车削粗加工（编辑）"对话框。选择"加工参数"选项卡，注意要在"加工表面类型"选项组中选中"内轮廓"单选按钮，按照加工要求填写相应的加工参数，如图9-3-7所示。

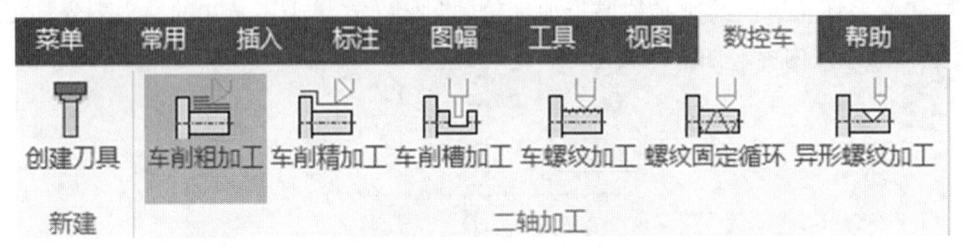

图9-3-6 单击"数控车"选项卡中的"车削粗加工"图标

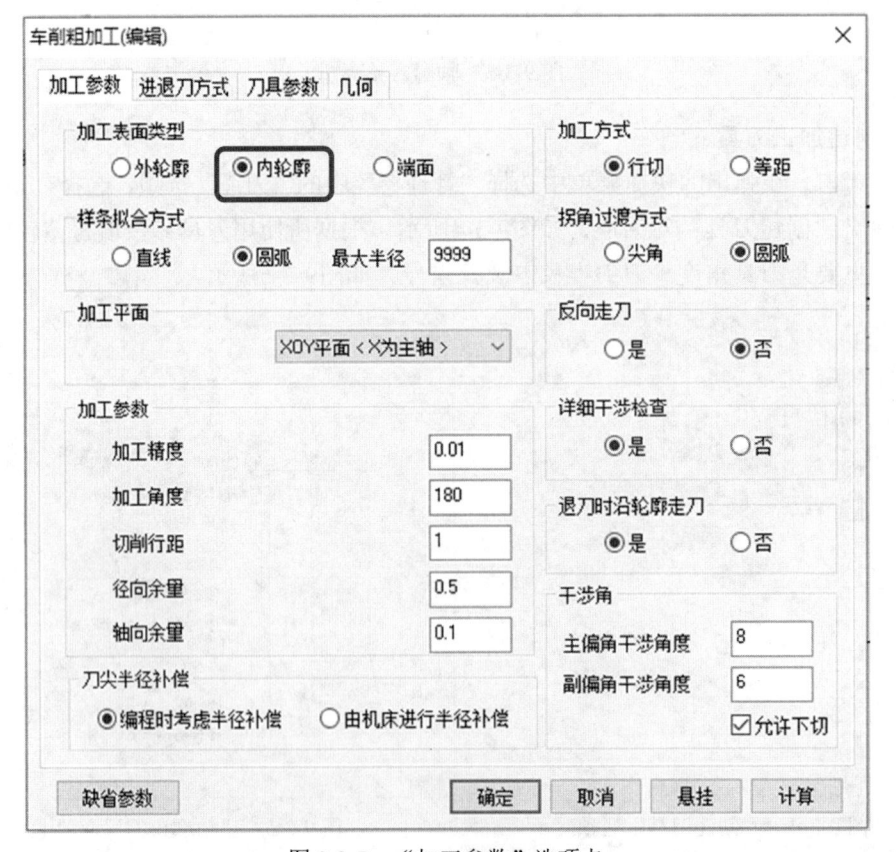

图9-3-7 "加工参数"选项卡

转到"进退刀方式"选项卡，设置"快速退刀距离"值为"1"，以缩短不必要的退刀

长度，防止反向撞到孔壁，其余参数如无特殊要求，默认即可，如图9-3-8所示。

图9-3-8 "进退刀方式"选项卡

转到"刀具参数"选项卡，选择"类型"下拉列表中的"轮廓车刀"选项，则刀具参数会自动加载，如图9-3-9所示。

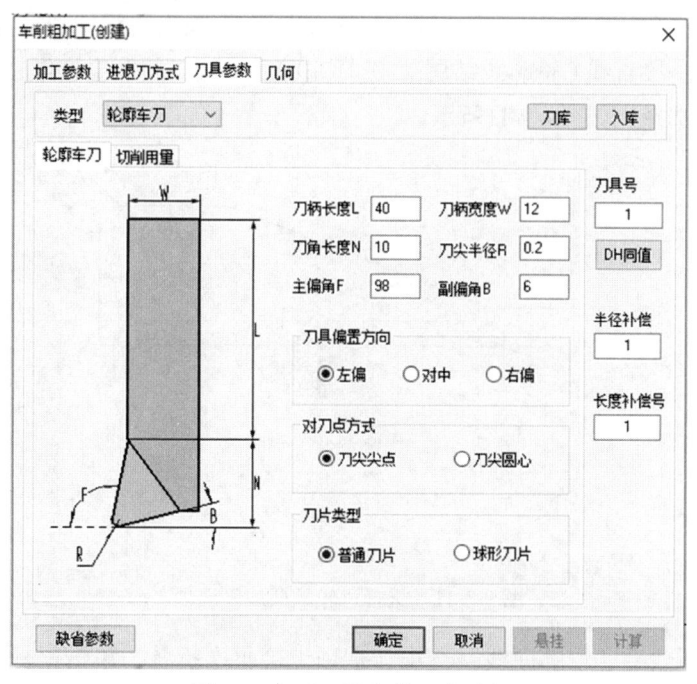

图9-3-9 "刀具参数"选项卡

转到"几何"选项卡,如图9-3-10所示,该选项卡中的内容为生成加工刀具路径的必要参数。

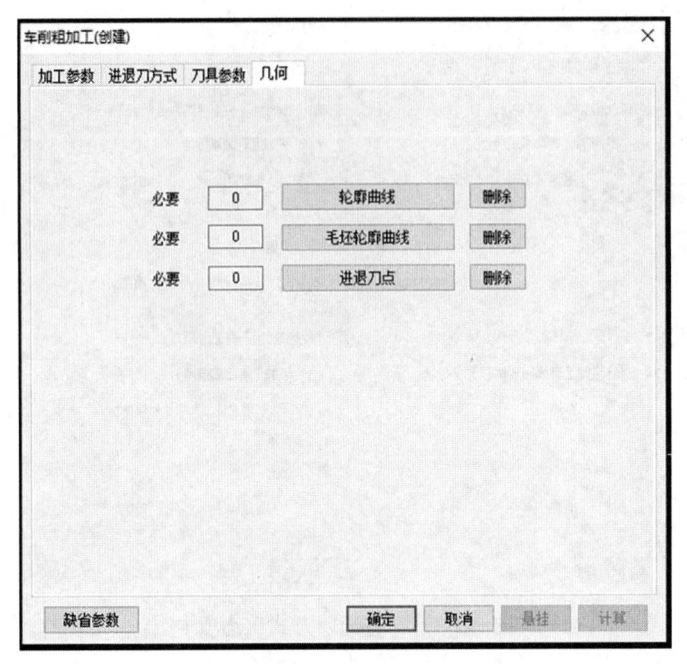

图 9-3-10 "几何"选项卡

第1步,选择"轮廓曲线"选项,选项卡会自动折叠,单击鼠标左键选择加工轮廓的第一段线段(最右端的倒角),然后选择"扫描方向"(即加工路线的扫描方向),最后选择加工路线的最后一段直线(轮廓线结尾),选择完成后该加工轮廓会变红,单击鼠标右键即可完成该内容的选择,如图9-3-11所示。

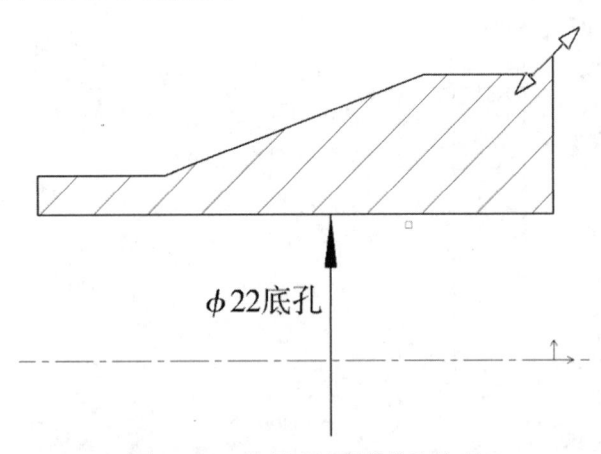

图 9-3-11 选择"轮廓曲线"选项

第2步,选择"毛坯轮廓曲线"选项,选项卡会再次折叠,单击鼠标左键选择毛坯轮廓的第一段,然后选择"扫描方向",最后选择毛坯轮廓的最后一段线段(轮廓线结尾),

选择完成后，毛坯轮廓会变红，单击鼠标右键即可完成毛坯轮廓的选择，如图9-3-12所示。

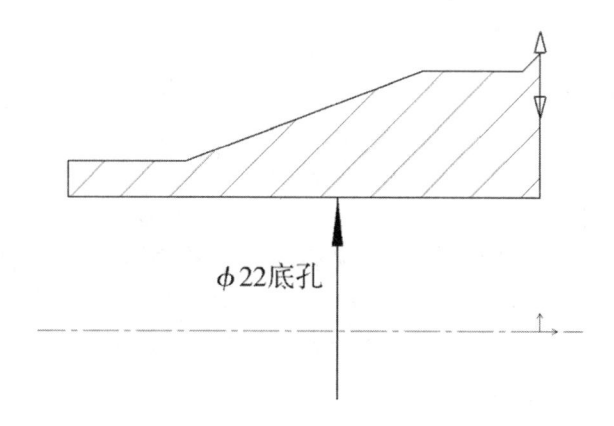

图 9-3-12 选择"毛坯轮廓曲线"选项

第3步，选择"进退刀点"选项，选项卡会再次折叠，用鼠标左键选择相应进退刀点的位置即可（毛坯外部安全位置如图9-3-13所示），单击鼠标右键完成选择。完成所有的选项后，单击"确定"按钮，即可生成刀具运行路径，如图9-3-14所示。

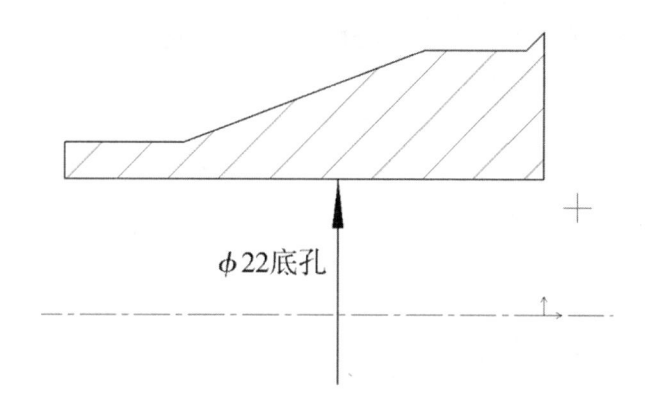

图 9-3-13 选择"进退刀点"选项

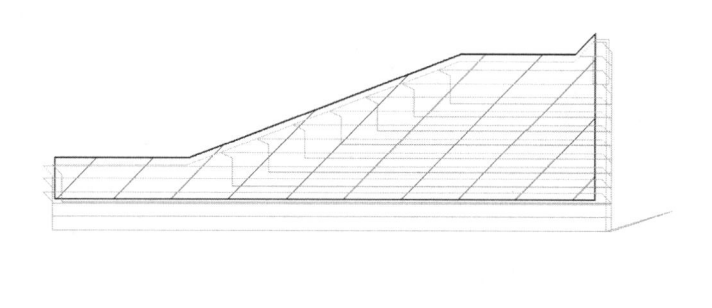

图 9-3-14 加工方式为"行切"时生成的加工路线

经过检查和验证后，即可根据后置处理的相应步骤，生成加工的G代码，上传数控车床进行相应的加工应用。

二、内轮廓精加工

选择精车加工工具、设置加工参数并生成加工路径

由于在之前的粗车环节已经绘制好了零件外轮廓，所以在精加工阶段就可直接进行选择，即可生成相应的精加工路径。单击"数控车"选项卡中的"车削精加工"图标，如图9-3-15所示，即可弹出"车削精加工（创建）"对话框，在"加工参数"选项卡中选中"加工表面类型"选项组中的"内轮廓"单选按钮，如图9-3-16所示，按照实际加工工艺填写相应的精加工各项参数。

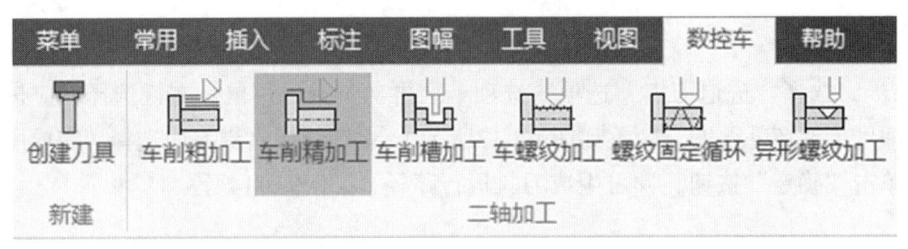

图9-3-15　单击"数控车"选项卡中的"车削精加工"图标

图9-3-16　选择"加工参数"选项卡

转到"进退刀方式"选项卡，设置"快速退刀距离"值为"1"，以缩短不必要的退刀长度，其余参数如无特殊要求，默认即可，如图9-3-17所示。

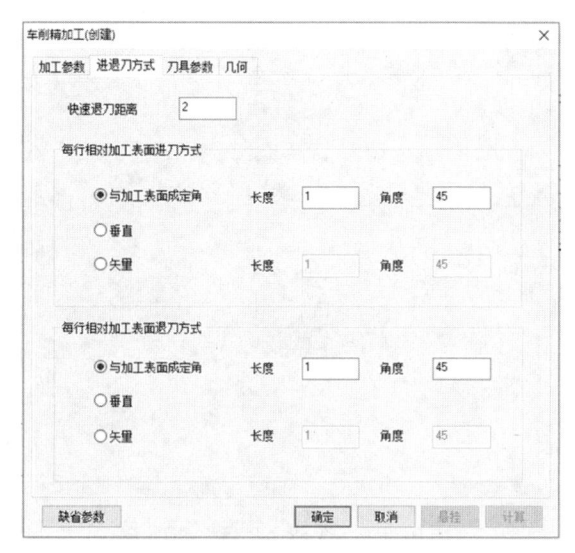

图 9-3-17 选择"进退刀方式"选项卡

转到"刀具参数"选项卡，选择"类型"下拉列表框中的"轮廓车刀"选项，则刀具参数会自动加载，这里由于选择粗、精车同一把刀具，需要进入"切削用量"选项进行切削用量的修改，如图9-3-18所示。

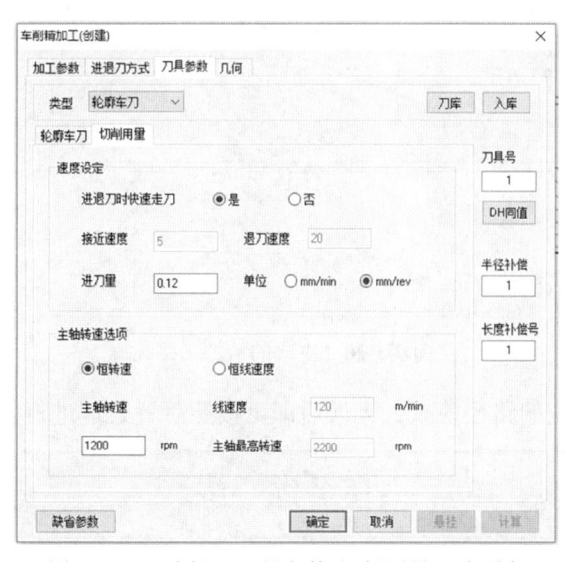

图 9-3-18 选择"刀具参数-切削用量"选项卡

转到"几何"选项卡，如图9-3-19所示，该选项卡中的内容为生成加工刀具路径的必要参数。

选择"轮廓曲线"选项，选项卡会自动折叠，用鼠标左键选择加工轮廓的第一段线段（最右端的倒角），然后选择"扫描方向"（即加工路线的扫描方向），最后选择加工路线的最后一段直线（轮廓线结尾），选择完成后该加工轮廓会变红，单击鼠标右键即可完成该内容的选择。

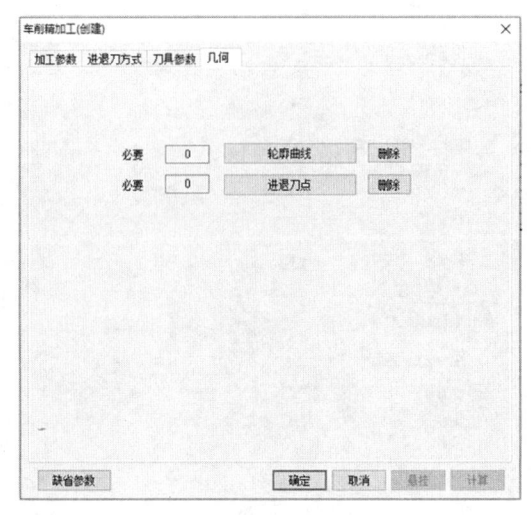

图 9-3-19　选择"几何"选项卡

接下来，选择"进退刀点"选项，选项卡会再次折叠，用鼠标左键选择相应进退刀点的位置即可（毛坯外部安全位置），单击鼠标右键完成选择。完成所有的选项后，单击"确定"按钮，即可生成刀具运行路径，如图9-3-20所示。

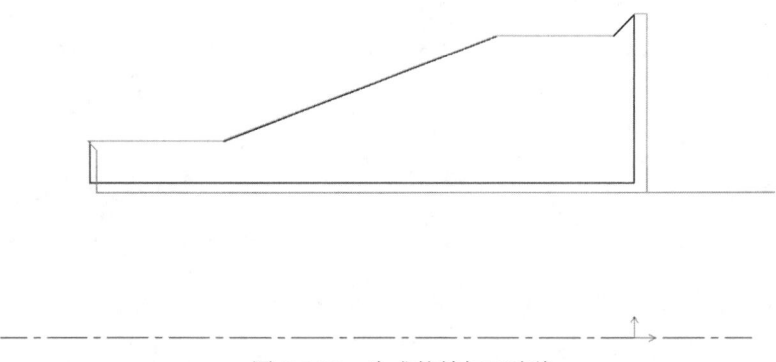

图 9-3-20　生成的精加工路线

完成后，进行相应的路径检查，无误后即可按照后置处理进行G代码的生成。

任务练一练

（1）完成图9-3-1所示的内圆弧轴轴套粗车自动加工路线的生成，毛坯底孔直径为$\phi 20$，要求：使用行切的方式（切深1mm），精加工余量（0.5mm），主轴转速600r/min，切削速度0.2mm/r。

（2）在（1）粗车的基础上，完成图9-3-1所示的内圆弧轴轴套精车自动加工路线的生成，要求：精加工次数为2，主轴转速1200r/min，切削速度0.1mm/r。

（3）完成后，进行3D加工路线模拟仿真，进行加工刀路验证。

（4）生成粗、精车加工程序，并进行相应的程序修改。

收获评一评

评价项目	配分	评价内容	综合评价			最终得分
			自评	互评	教师评价	
职业素养	30	迟到（5分）				
		早退（5分）				
		串岗（5分）				
		6S管理（5分）				
		认真完成任务（10分）				
专业能力（软件应用）	70	加工路线、毛坯绘制（10分）				
		内轮粗加工刀路的生成（15分）				
		内轮精加工刀路的生成（15分）				
		加工仿真及参数调整（10分）				
		后置处理生成加工程序（10分）				
		软件的熟练操作（10分）				
学习心得						
教师评语						最终成绩

能力拓一拓

使用CAXA CAM数控车软件，完成图9-3-21所示零件粗、精车刀具路线的生成，并进行3D模拟验证。

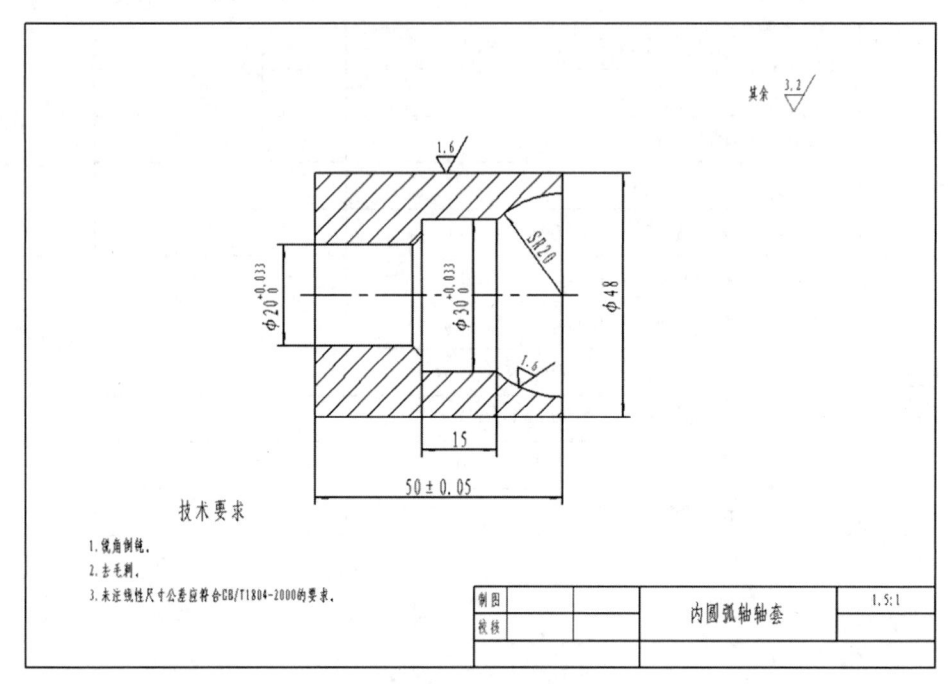

图 9-3-21　轴套零件图

任务4　切槽的自动编程

任务导一导

现校企合作企业接到如图9-4-1所示的密封轴零件的加工任务，需要校企合作企业中的程序人员，使用CAXA CAM数控车软件完成该零件密封槽的加工自动编程。零件为已完成外形加工的45#钢。

项目九　CAM自动编程——CAXA CAM数控车的应用

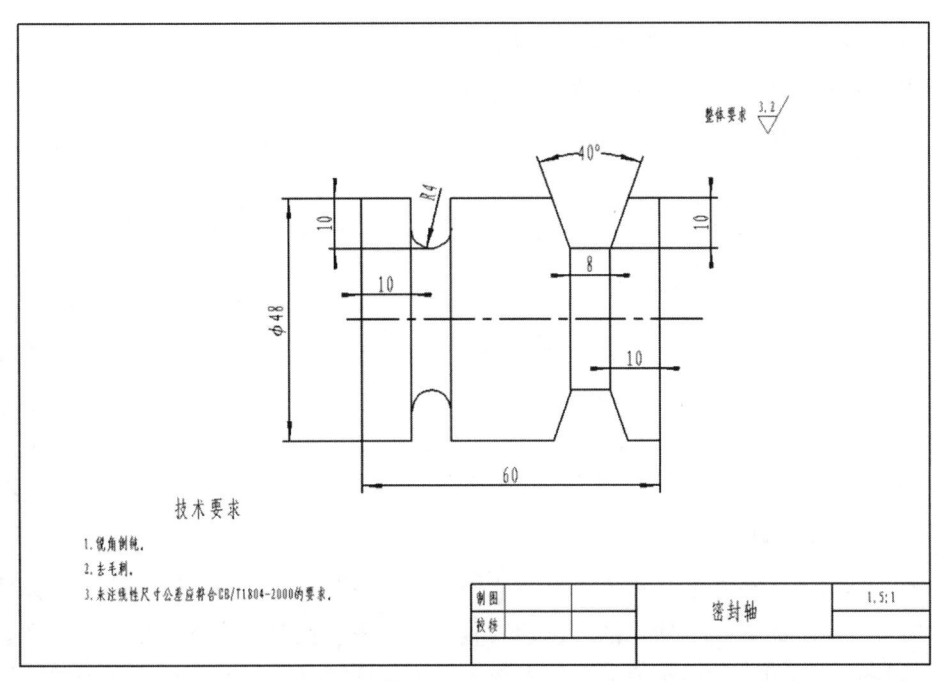

图 9-4-1　槽零件图

知识学一学

一、普通槽切削自动编程

现以图9-4-2所示的车槽零件讲解CAXA CAM数控车床自动编程软件的应用过程，作为完成该任务的参考。

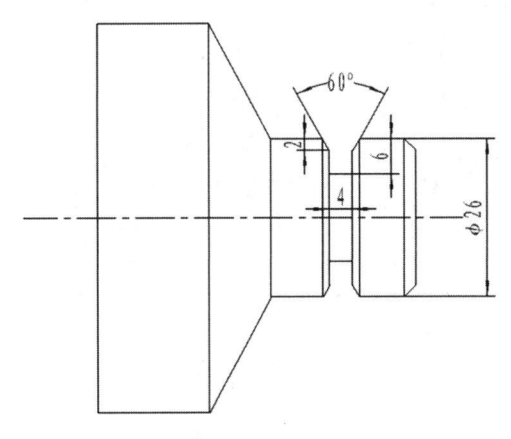

图 9-4-2　车槽零件

1. 切槽外轮廓的绘制

根据图纸要求绘制切槽位置的外轮廓，如图9-4-3所示（要保证X轴、Z轴在加工坐标系

— 211 —

中位置的正确性），这里需要将绘制的槽的外轮廓进行适当的延伸，以确保刀具在定位和加工时，能保障刀具的安全和所加工位置的完整。

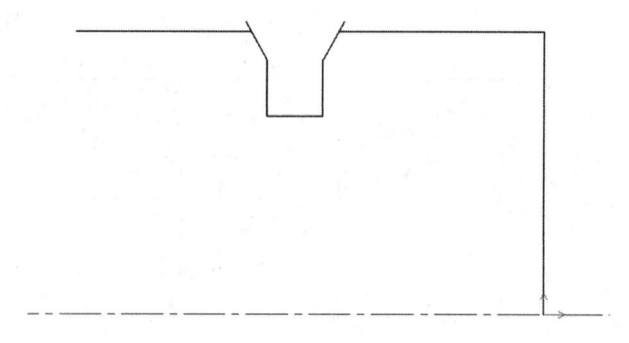

图 9-4-3　车槽部位外轮廓 1

2. 创建切槽刀具

单击鼠标右键，在弹出的快捷菜单中选择"设计树"中的"刀库"选项，选择"创建刀具"选项，弹出如图9-4-4所示的"创建刀具"对话框。在其中的"类型"下拉列表框中选择"切槽车刀"选项，切槽车刀的具体参数可以根据实际情况填写，图9-4-5所示的是3mm切槽刀具参数及加工铝材切削用量的选择。

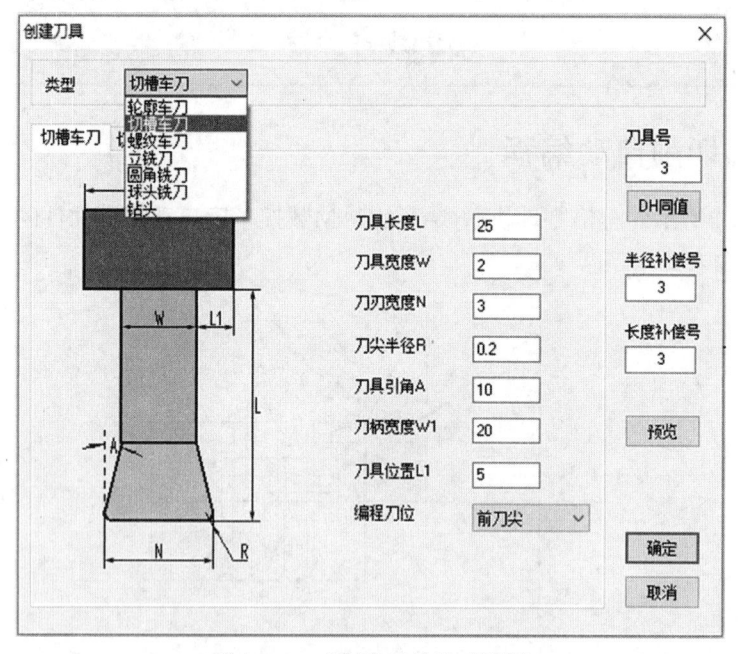

图 9-4-4　"创建刀具"对话框

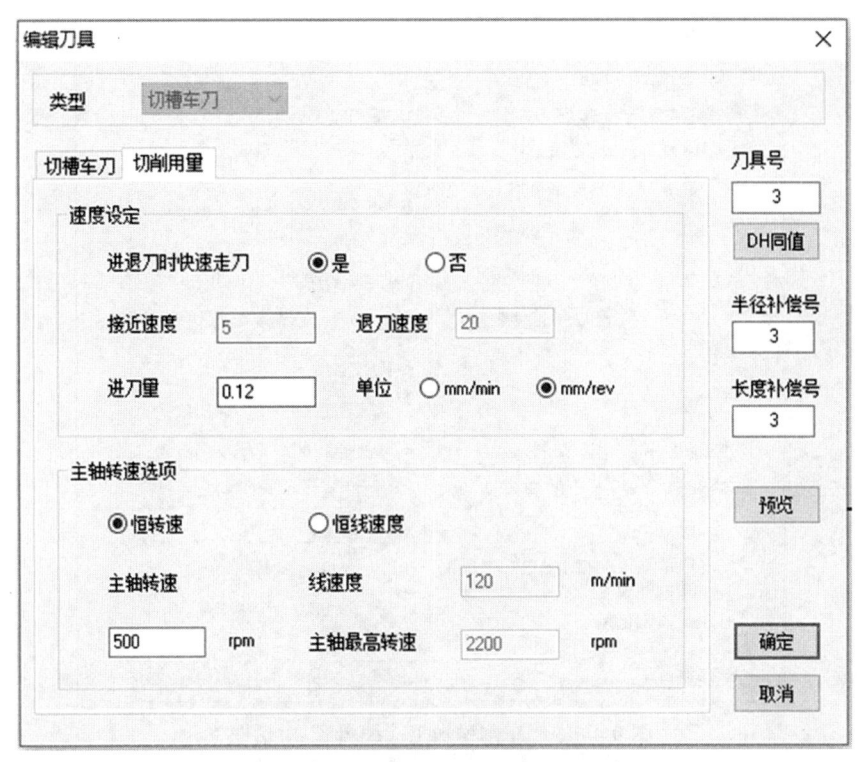

图 9-4-5 "切削用量"选项卡的选择

3. 生成切槽加工路径

绘制好图形以及创建好刀具后,接下来将进行切槽加工路径的生成。单击"数控车"选项卡中的"车削槽加工"图标,如图9-4-6所示,即可弹出"车削槽加工(编辑)"对话框,在"切槽表面类型"选项组中选中"外轮廓"单选按钮,在"加工工艺类型"选项组中选中"粗加工+精加工"单选按钮,其他具体参数设置如图9-4-7所示。

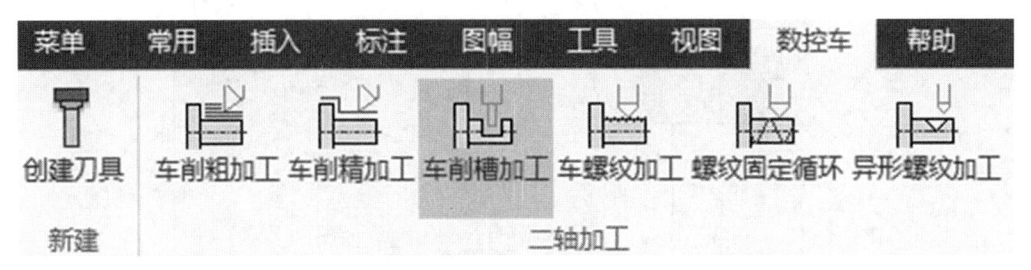

图 9-4-6 "数控车"选项卡——车削槽加工

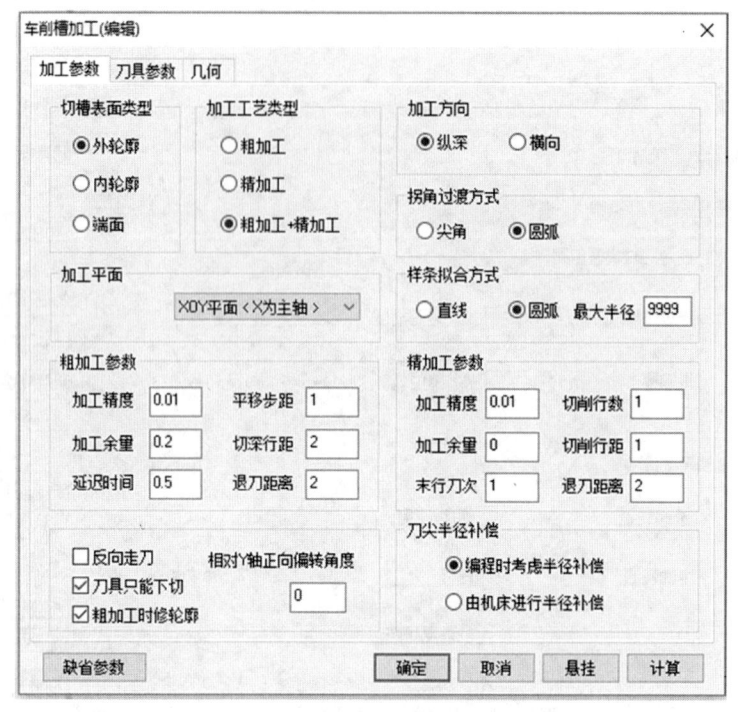

图 9-4-7 "车削槽加工（编辑）"对话框 1

转到"刀具参数"选项卡，选择"类型"下拉列表框中的"切槽车刀"选项，则刀具参数会自动加载，如图9-4-8所示。

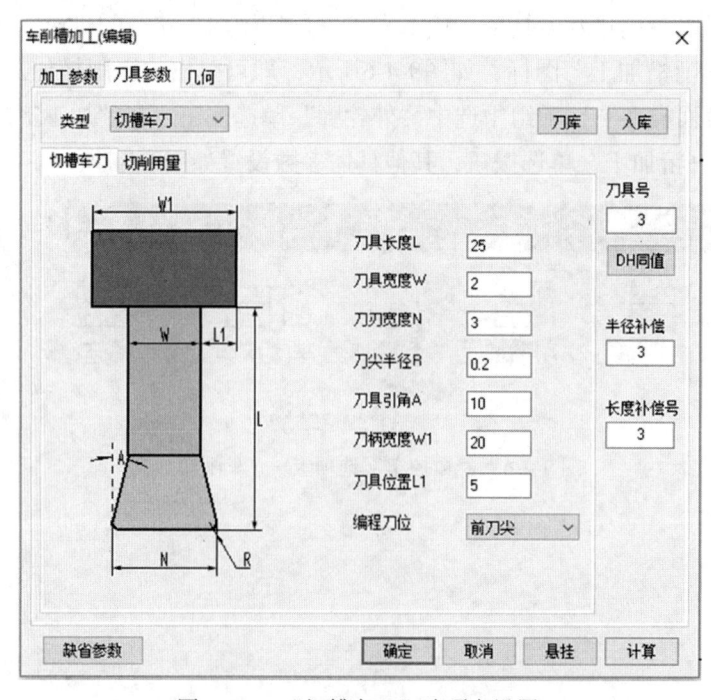

图 9-4-8 "切槽车刀"选项卡设置

单击"几何"标签,转到"几何"选项卡,设置如图9-4-9所示。

图9-4-9 "几何"选项卡的设置

选择"轮廓曲线"选项,选项卡会自动折叠,用鼠标左键选择加工轮廓的第一段线段(最右端的倒角),然后选择"扫描方向"(即加工路线的扫描方向),最后选择加工路线的最后一段线段(最后一段倒角),选择完成后该加工轮廓会变红,单击鼠标右键即可完成该内容的选择,如图9-4-10所示。

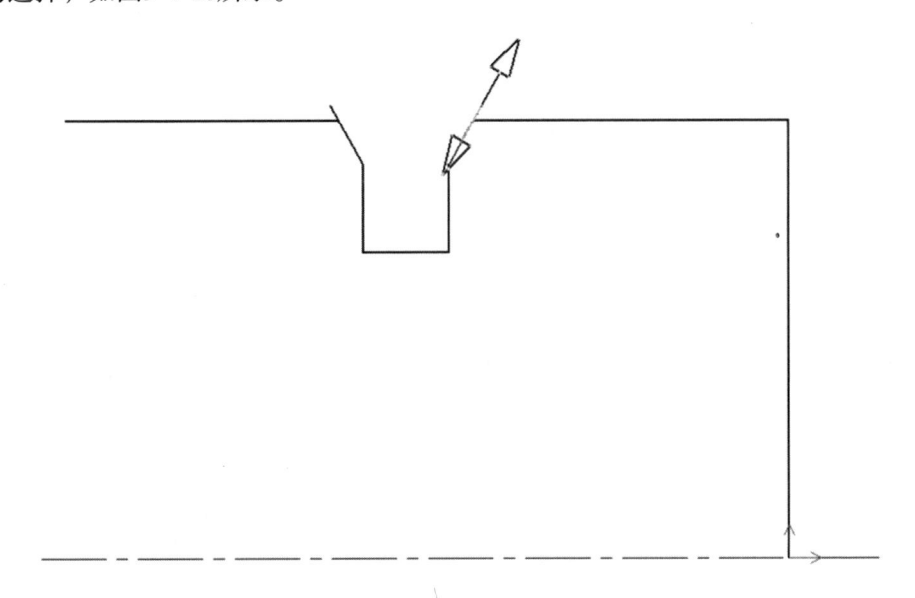

图9-4-10 "轮廓曲线"的选择

接下来选择"进退刀点"选项,单击鼠标左键选择车槽上方靠近工件又不会引起撞刀的点即可,如图9-4-11所示的十字星位置。

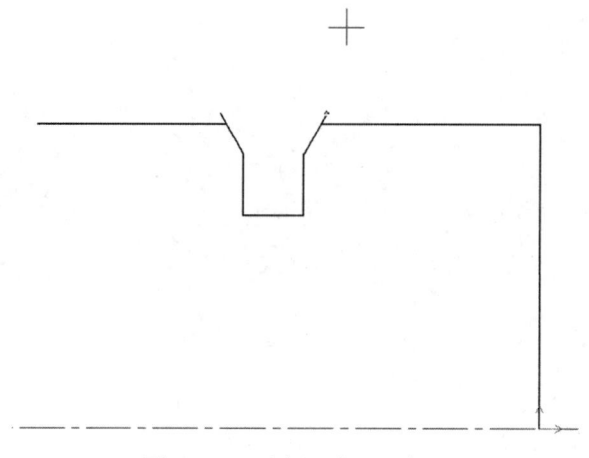

图 9-4-11 选择"进退刀点"

选择完成后,单击"确定"按钮,即可生成切槽加工刀具路线,如图9-4-12所示。

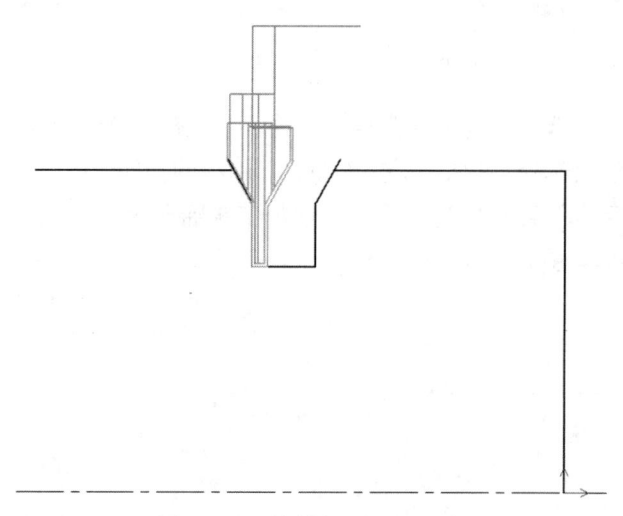

图 9-4-12 车槽加工刀具路线

4. 生成切槽加工 G 代码

根据之前外圆加工后置处理的方法,选择相应的车床后置信息后,选择车槽加工刀具路径,即可生成相应的加工G代码程序,如图9-4-13和图9-4-14所示。

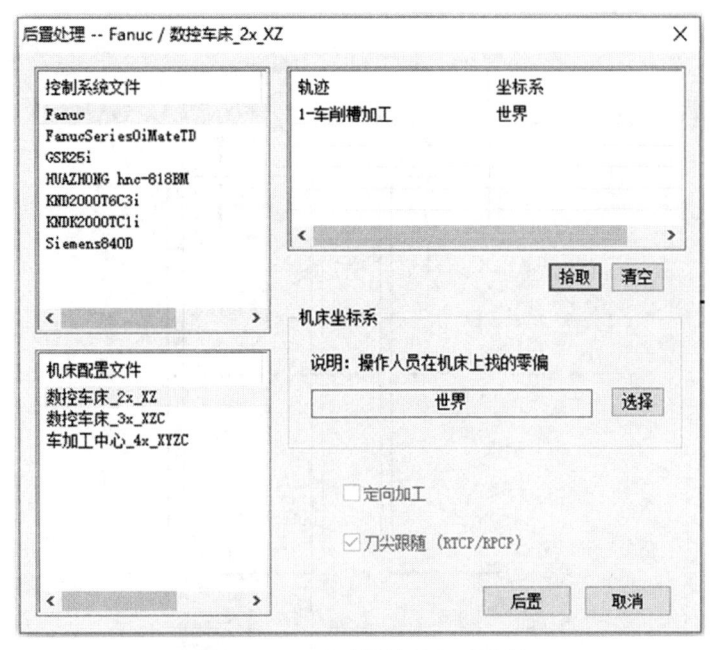

图 9-4-13 "后置处理"对话框

图 9-4-14 "编辑代码"对话框

二、圆弧槽切削自动编程

完成如图9-4-15所示圆弧槽加工的自动编程,并生成相应的G代码。

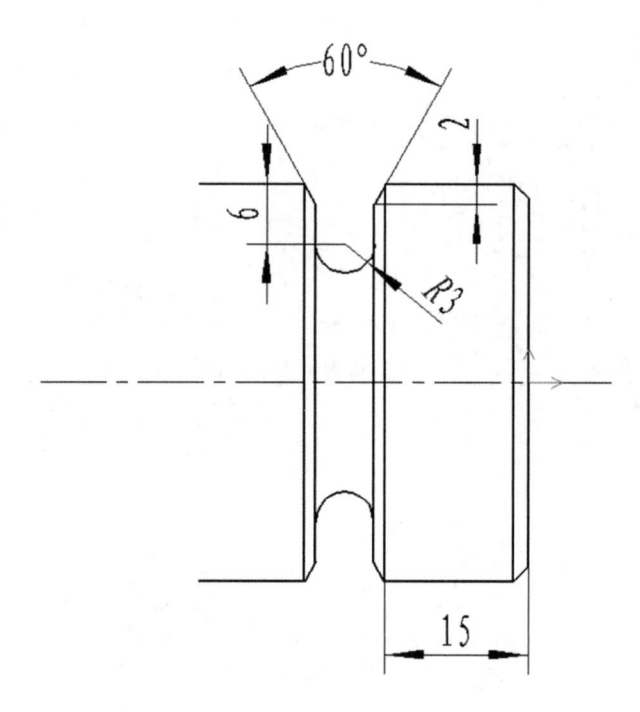

图 9-4-15　圆弧槽零件图

1. 切槽外轮廓的绘制

根据图纸要求绘制切槽位置的外轮廓，如图9-4-16所示（要保证X轴、Z轴在加工坐标系中位置的正确性），这里需要将绘制的槽的外轮廓进行适当的延伸，以确保刀具在定位和加工时，能保障刀具的安全和所加工位置的完整。

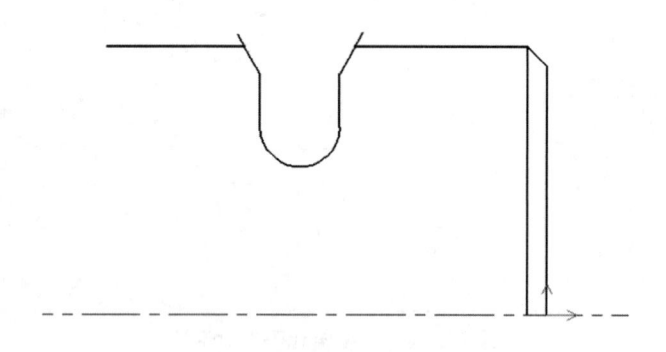

图 9-4-16　车槽部位外轮廓 2

2. 创建切槽刀具

单击鼠标右键，在弹出的快捷菜单中选择"设计树"中的"刀库"选项，选择"创建刀具"选项，在弹出的快捷菜单中选择"类型"中的"切槽车刀"选项，切槽车刀的具体参数可以根据实际情况填写，此处我们选择的是$R2$的圆弧车刀，因此刀具宽度与刀尖半径是2倍关系，切槽刀具参数及加工铝材切削用量的选择如图9-4-17和图9-4-18所示。

使用圆弧刀具时要注意，编程刀位的选择和后续加工时的对刀方式要对应，否则就会造成安全事故，此处要特别注意。为了方便观察刀路，我们习惯在使用圆弧车刀时，将编程刀位设置为"刀刃中点"。

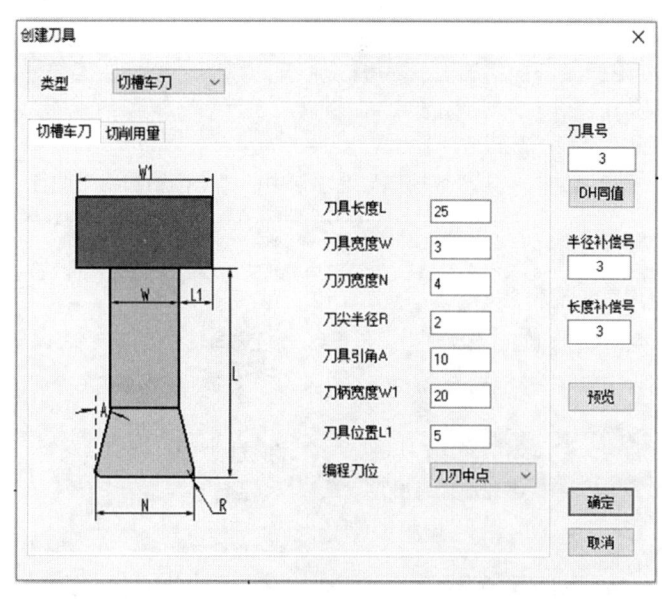

图9-4-17 圆弧车刀刀具参数

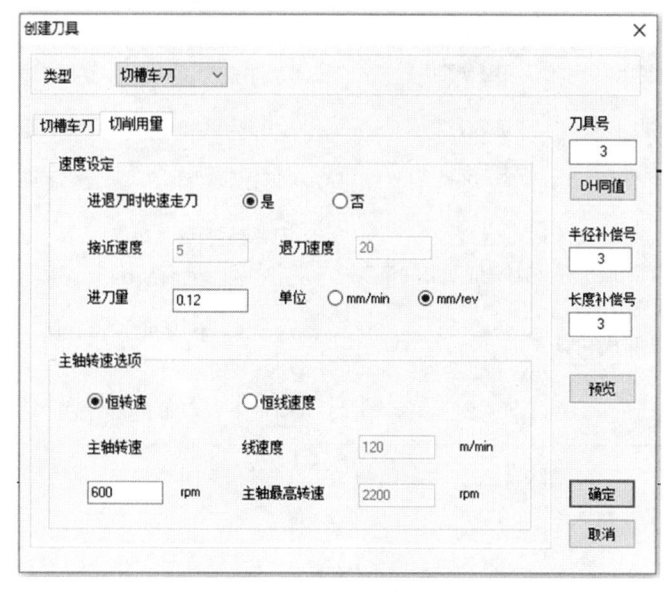

图9-4-18 圆弧车刀切削用量

3. 生成切槽加工路径

绘制好图形以及创建好刀具后，接下来将进行切槽加工路径的生成。在"数控车"选项卡中单击"车削槽加工"图标，如图9-4-19所示，即可弹出"车削槽加工（编辑）"对话框，如图9-4-20所示，根据图9-4-21和图9-4-22所示选择相应的加工刀具和加工轮廓，最后单击"确定"按钮，即可生成最终的加工刀具路径路线，如图9-4-23所示。

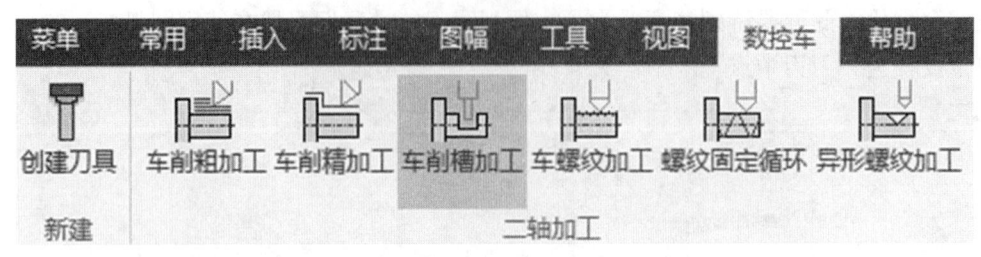

图 9-4-19　单击"数控车"选项卡中的"车削槽加工"图标

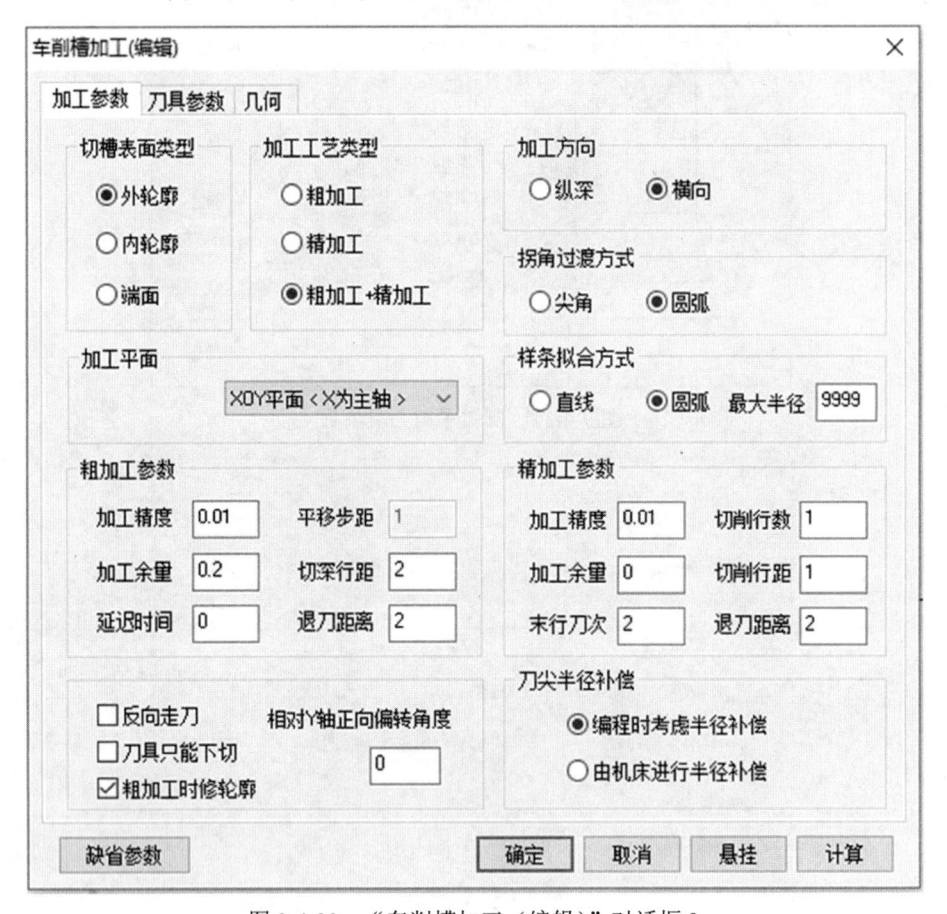

图 9-4-20　"车削槽加工（编辑）"对话框 2

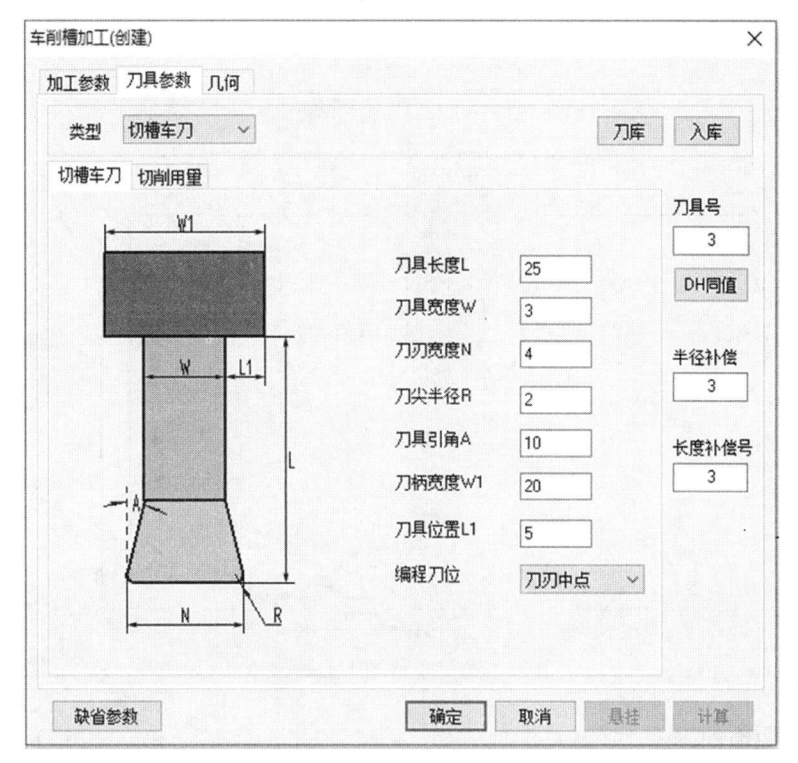

图 9-4-21 "刀具参数"选项卡的设置

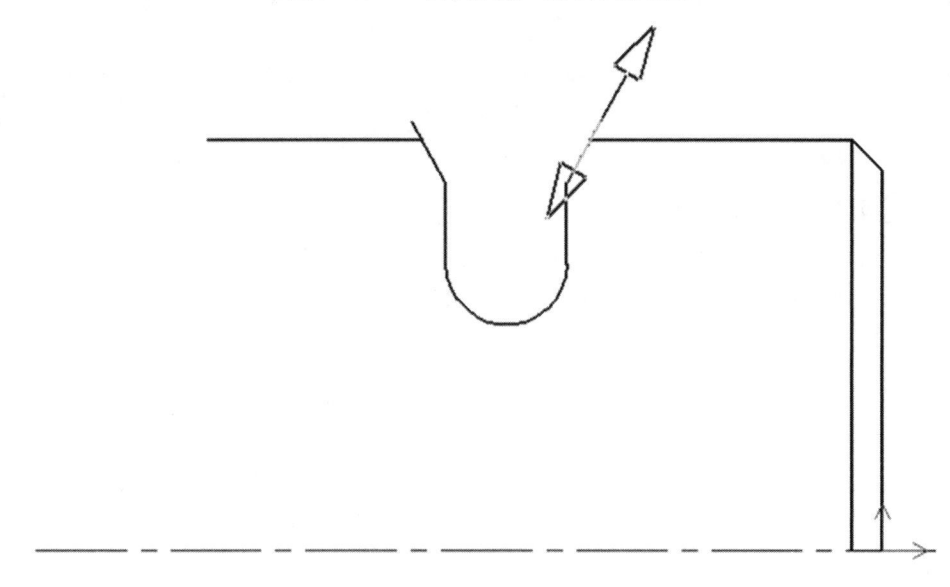

图 9-4-22 车槽加工"轮廓曲线"的选择

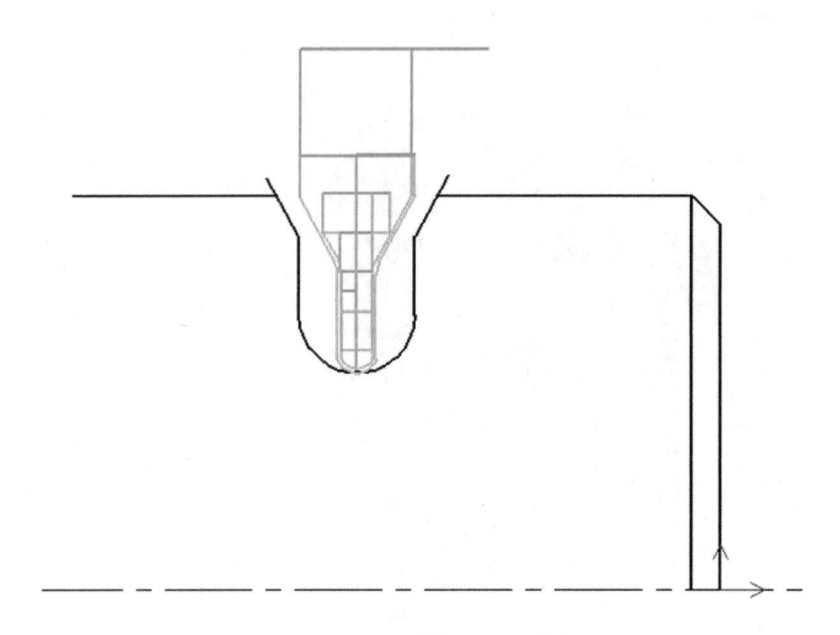

图 9-4-23　车槽加工刀具路径

4. 生成切槽加工 G 代码

根据之前外圆加工后置处理的方法，选择相应的车床后置信息后，选择车槽加工刀具路径，即可生成相应的加工G代码程序。

任务练一练

（1）完成图9-4-1所示的车槽自动加工路线的生成，零件外形已加工完成。
（2）完成后，进行3D加工路线模拟仿真，进行加工刀路验证。
（3）生成粗、精车加工程序，并进行相应的程序修改。

收获评一评

评价项目	配分	评价内容	综合评价			最终得分
			自评	互评	教师评价	
职业素养	30	迟到（5分）				
		早退（5分）				
		串岗（5分）				
		6S管理（5分）				
		认真完成任务（10分）				
专业能力（软件应用）	70	车槽加工路线的绘制（10分）				
		普通斜槽的加工（15分）				
		圆弧槽的加工（15分）				
		加工仿真及参数调整（10分）				
		后置处理生成加工程序（10分）				
		软件的熟练操作（10分）				
学习心得						
教师评语						最终成绩

能力拓一拓

使用CAXA CAM数控车软件,完成如图9-4-24所示的异形槽轴零件槽加工路线的生成,并进行3D模拟验证和生成相应的加工程序。

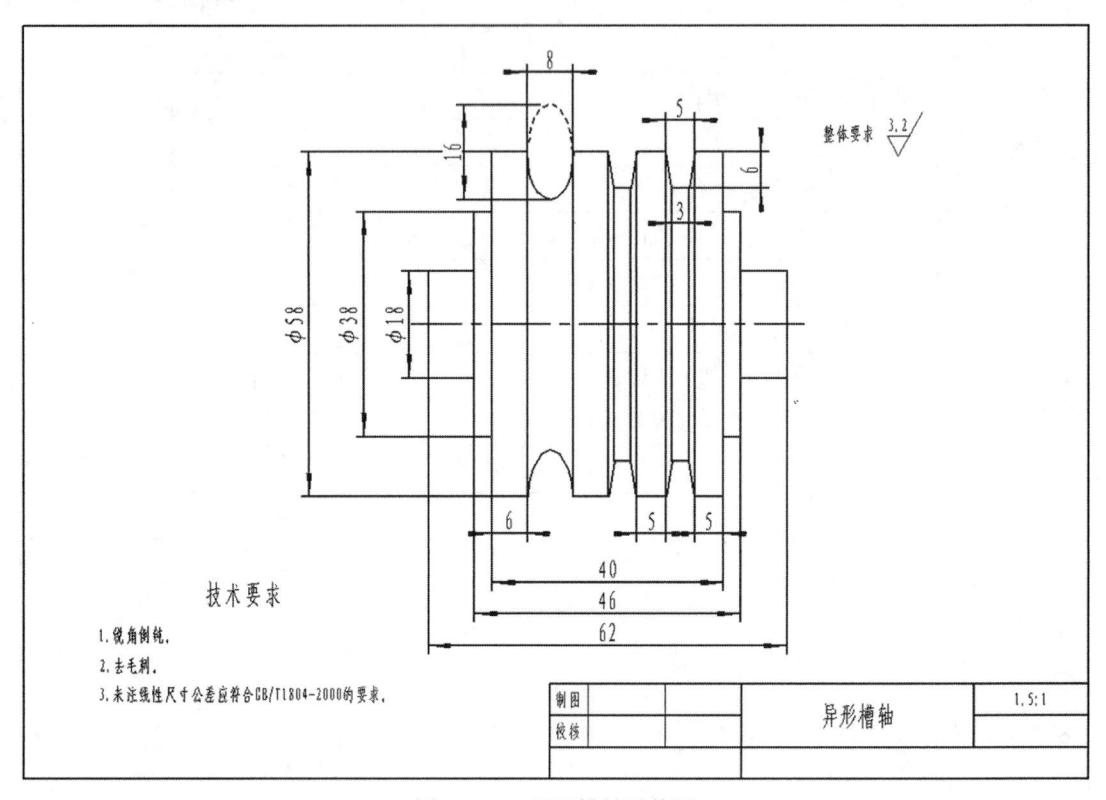

图9-4-24 异形槽轴零件图

任务5 螺纹的自动编程

任务导一导

现校企合作企业接到如图9-5-1所示的螺纹轴零件的加工任务,需要校企合作企业中的程序人员,使用CAXA CAM数控车软件完成该螺纹轴零件螺纹的加工。零件的其他外形已加工完成,请直接加工M16×2螺纹即可。

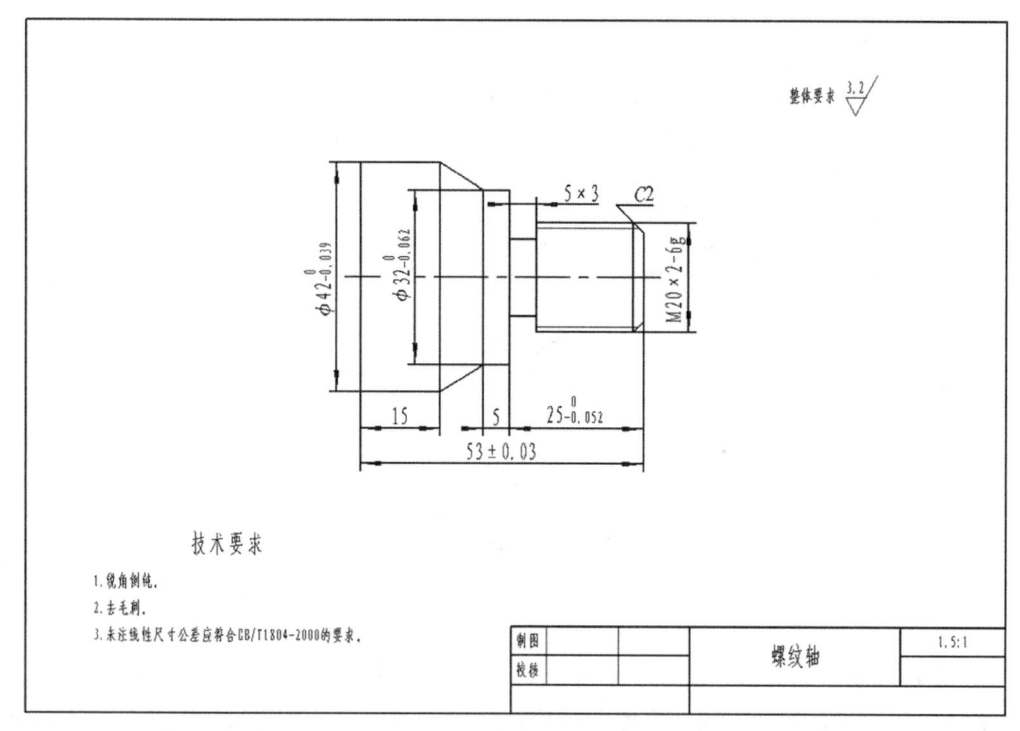

图 9-5-1 螺纹轴零件图

知识学一学

现以图9-5-2所示的羊角螺纹轴讲解CAXA CAM数控车床自动编程软件的应用过程,作为完成该任务的参考。

一、普通三角形螺纹自动编程

如图9-5-2所示的羊角螺纹轴外圆与槽已经加工完毕,请按照图示要求完成M16×2螺纹的自动编程,并生成相应的G代码。

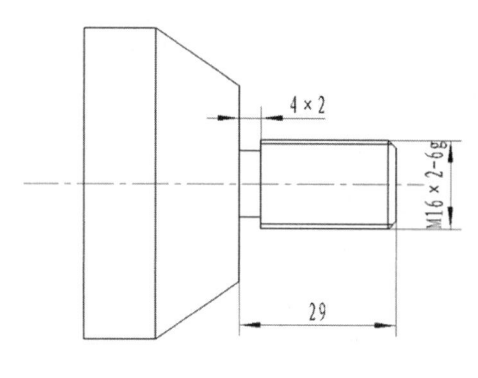

图 9-5-2 羊角螺纹轴

1. 螺纹外轮廓的绘制

根据图纸要求绘制螺纹的外轮廓，如图9-5-3所示（要保证X轴、Z轴在加工坐标系中位置的正确性），以确保刀具在定位和加工时，能够保障刀具的安全和加工位置的正确与完整。

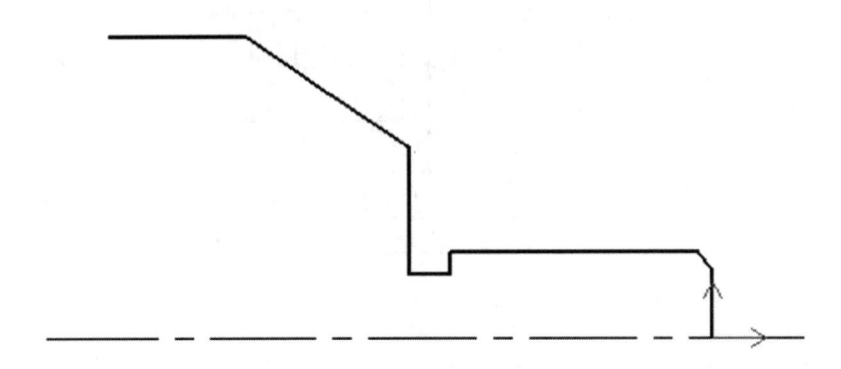

图 9-5-3　螺纹轴零件外轮廓

2. 创建螺纹刀具

右键单击"设计树"中的"刀库"选项，选择"创建刀具"选项，在弹出的"创建刀具"对话框中的"类型"下拉列表框中选择"螺纹车刀"选项，螺纹车刀的具体参数，可以根据实际情况填写，图9-5-4所示使用的是60°螺纹刀具参数，加工铝材切削用量的设置如图9-5-5所示。

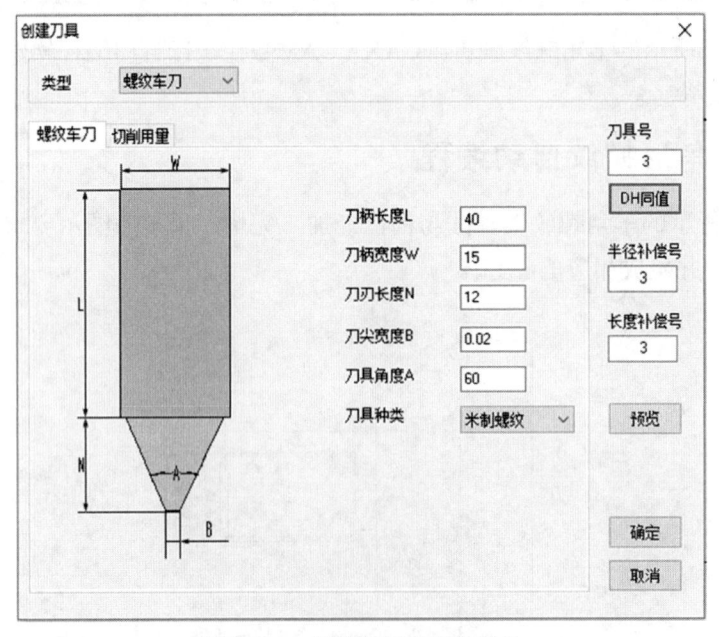

图 9-5-4　"螺纹车刀"选项卡

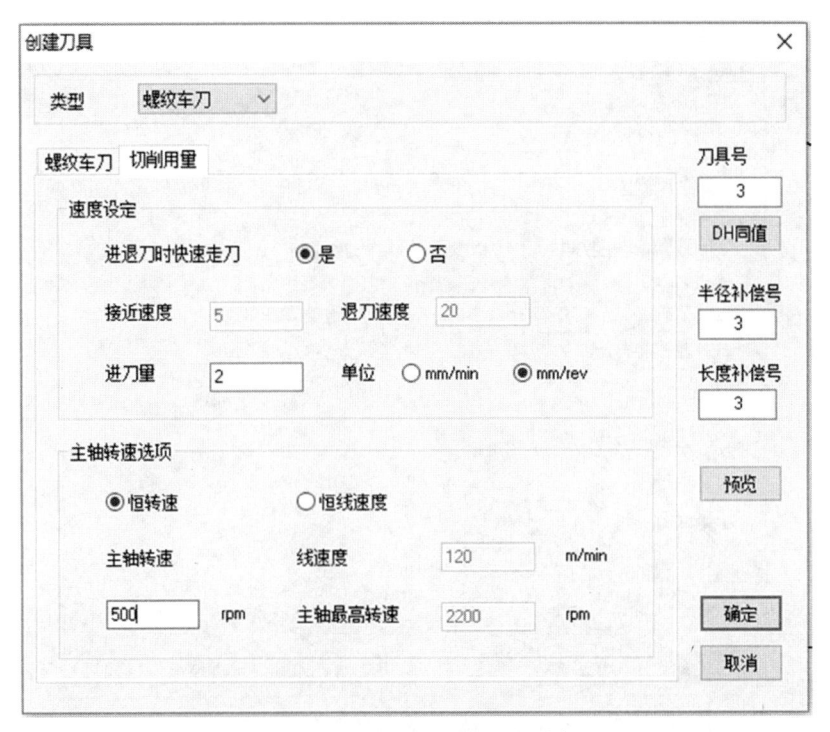

图 9-5-5　"切削用量"选项卡

3. 生成螺纹加工路径

绘制好图形及创建好刀具后，接下来将进行螺纹车削加工路径的生成。在"数控车"选项卡中单击"车螺纹加工"图标，如图9-5-6所示，弹出"车螺纹加工（编辑）"对话框。在"螺纹类型"选项组中选中"外螺纹"单选按钮，拾取对应的螺纹起点、终点及进退刀点位置。按照需要填写加工螺纹的参数"螺纹牙高"、"螺纹头数"和"螺纹节距"（导程），如图9-5-7所示。

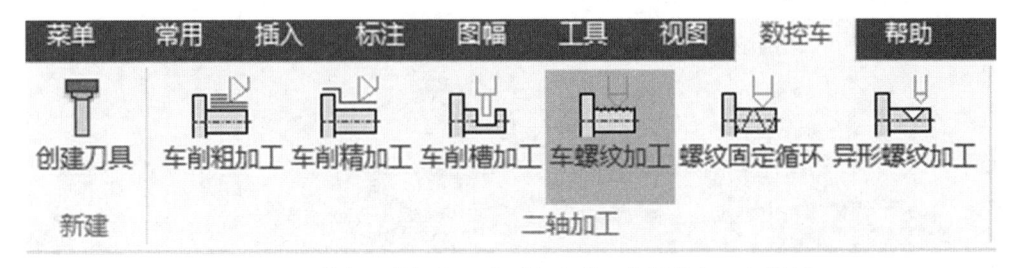

图 9-5-6　单击"数控车"选项卡中的"车螺纹加工"图标

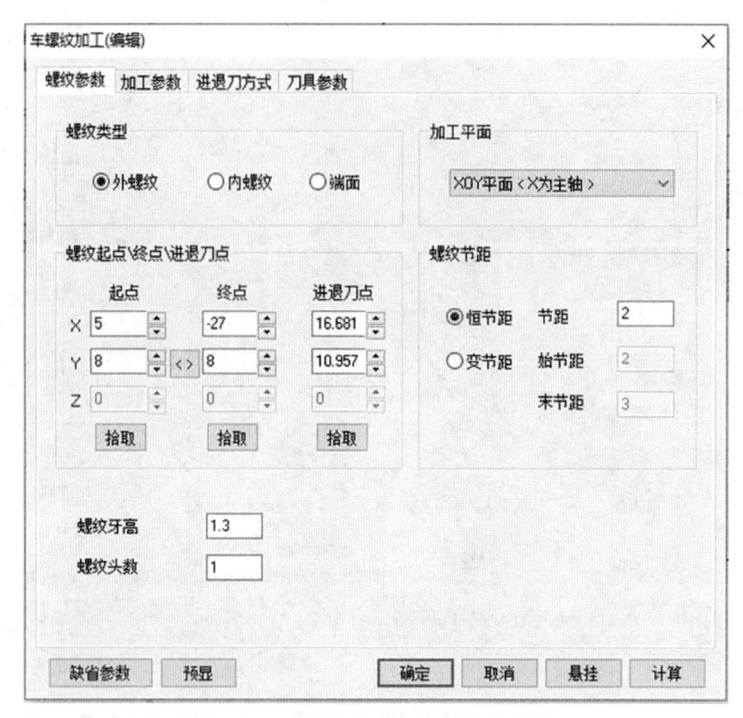

图 9-5-7　设置"螺纹参数"选项卡

填写完成后，转到"加工参数"选项卡，按照加工工艺的要求，填写相应的加工参数，如图9-5-8所示。

图 9-5-8　"加工参数"选项卡

转到"进退刀方式"选项卡，按照安全要求选择"快速退刀距离"等参数，如图9-5-9所示，进入"刀具参数"选项卡选择已建立的螺纹车刀即可，如图9-5-10所示。

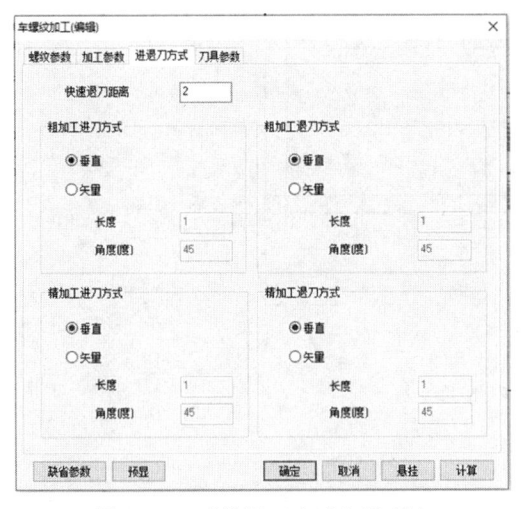

图 9-5-9 "进退刀方式"选项卡　　　图 9-5-10 "刀具参数"选项卡

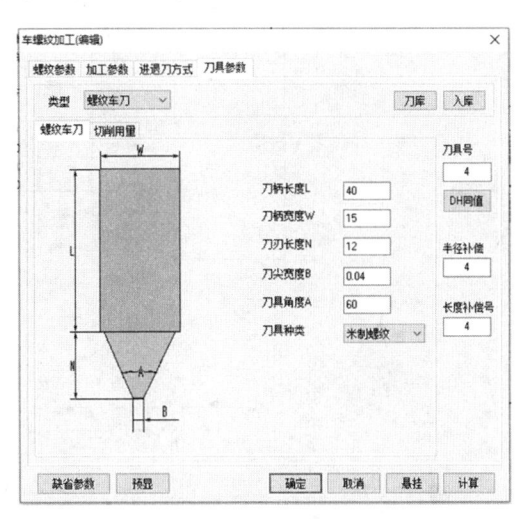

所有加工参数填写完成后，单击"确定"按钮，即可生成相应的普通三角形螺纹加工刀具路径，如图9-5-11所示，检查刀具路径不发生干涉撞刀即可。

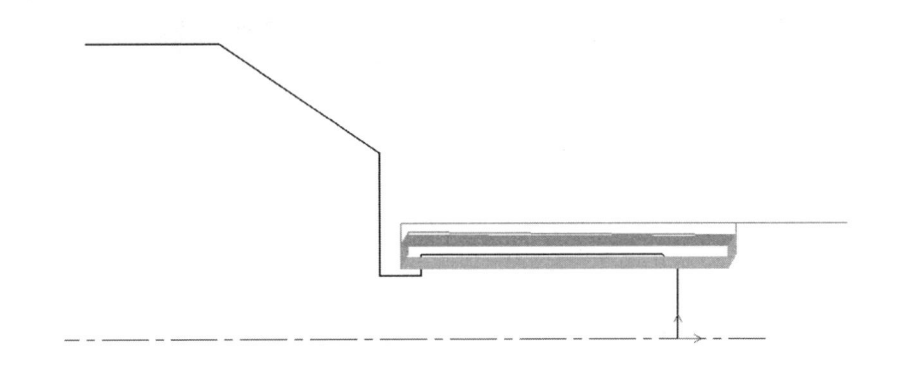

图 9-5-11 车螺纹加工刀具路径

4. 生成切槽加工 G 代码

根据之前外圆加工后置处理的方法，选择相应的车床后置信息后，选择车槽加工刀具路径，即可生成相应的加工G代码程序。

二、异形螺纹自动编程

如图9-5-12所示的异形螺纹零件的外圆与槽已经加工完毕，请按照图9-5-12所示要求完成该异形螺纹的自动编程，并生成相应的G代码。

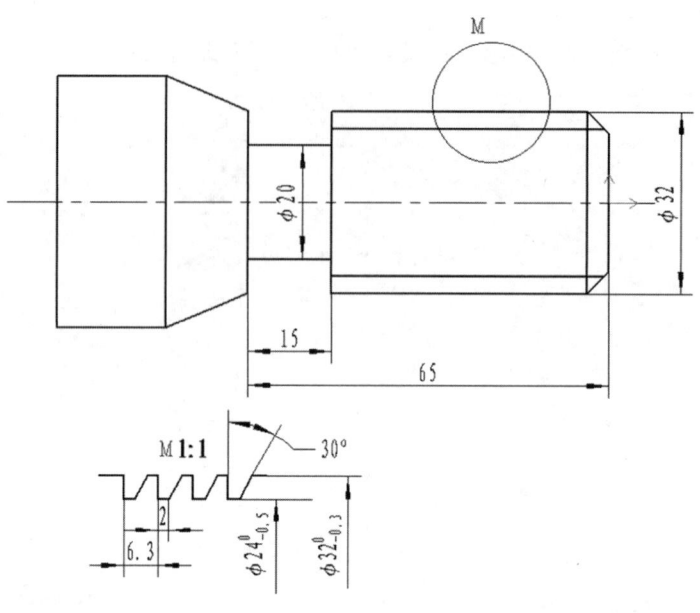

图 9-5-12 异形螺纹轴

1. 异形螺纹外轮廓的绘制

根据图纸要求绘制异形螺纹的外轮廓，如图9-5-13所示，此处注意图形右边绘制了1个异形螺纹的螺纹空缺牙型，该牙型在加工坐标系中X轴尺寸要正确，Z轴尺寸位置距离图形相近即可。

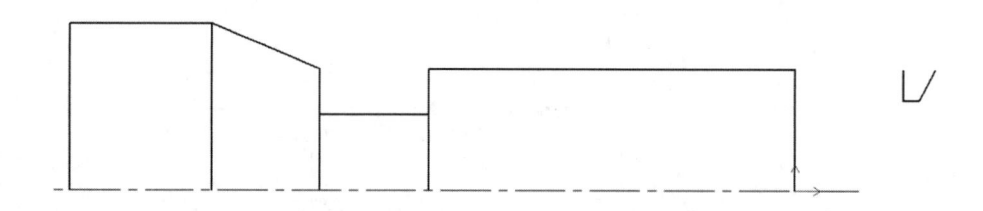

图 9-5-13 异形螺纹外形及牙型图

2. 创建异形螺纹刀具

右键单击"设计树"中的"刀库"选项，选择"创建刀具"选项，在弹出的对话框中选择"类型"下拉列表框中的"切槽车刀"选项（这里使用的是切槽刀直立的加工刀具，通过逼近的方式加工此异形螺纹），因此按照图9-5-14所示设置刀具类型。

项目九　CAM 自动编程——CAXA CAM 数控车的应用

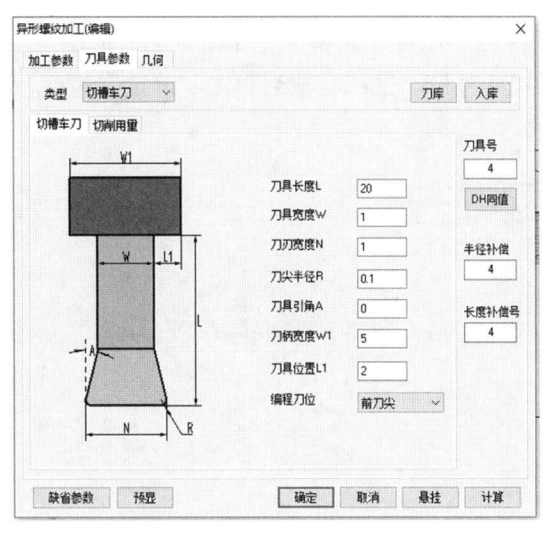

图 9-5-14　"刀具参数"选项卡

3. 生成异形螺纹加工路径

绘制好图形以及创建好刀具后，接下来将进行切槽加工路径的生成。在"数控车"选项卡中单击"异形螺纹加工"图标，如图 9-5-15 所示，弹出"异形螺纹加工（编辑）"对话框。根据加工异形螺纹的工艺参数，填写相应的加工参数选项，本加工任务的异形螺纹加工参数如图 9-5-16 所示，然后选择"刀具参数"选项卡。

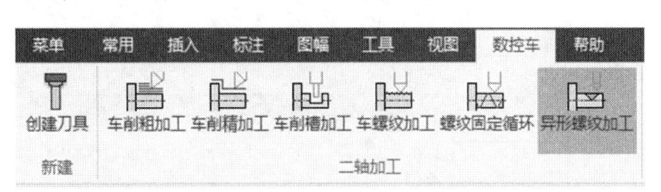

图 9-5-15　"数控车"选项卡——异形螺纹加工

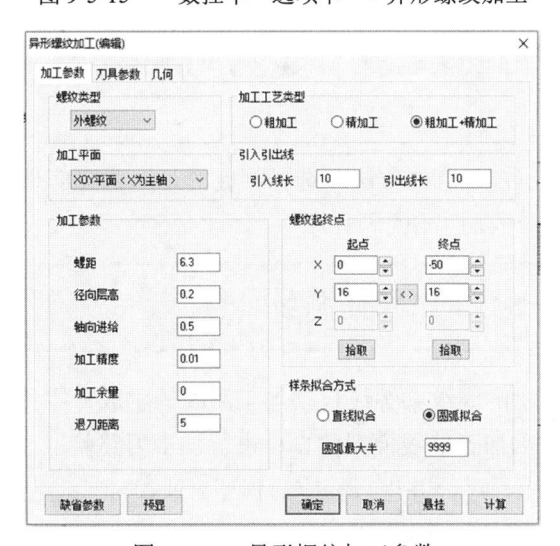

图 9-5-16　异形螺纹加工参数

— 231 —

完成前面步骤后，转到"几何"选项卡，如图9-5-17所示，选择"螺纹螺牙曲线"选项，选择所绘制的螺纹螺牙外形，选择完成后单击"确定"按钮，即可生成相应的异形螺纹加工刀具路径，如图9-5-18所示。

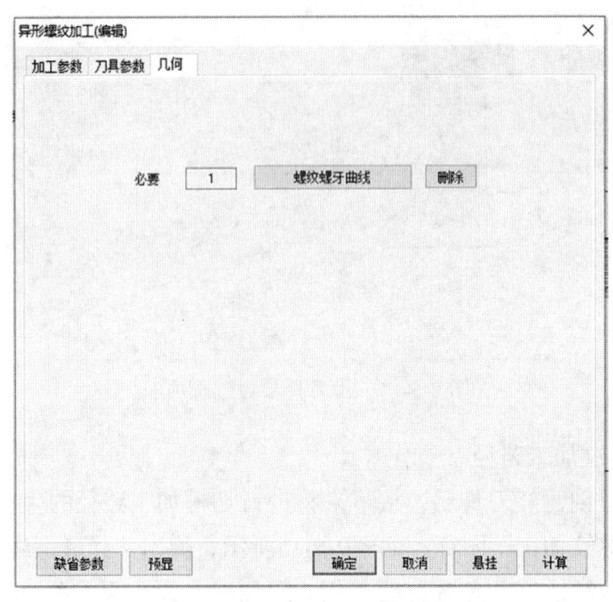

图 9-5-17　"几何"选项卡

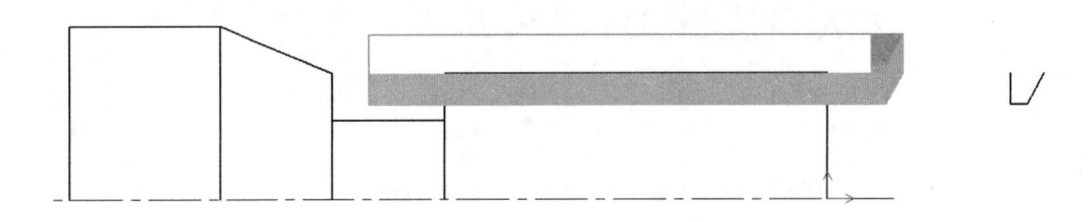

图 9-5-18　异形螺纹加工刀具路径

4. 生成切槽加工G代码

根据之前外圆加工后置处理的方法，选择相应的车床后置信息后，选择异形螺纹加工刀具路径，即可生成相应的加工G代码程序。

任务练一练

（1）完成图9-5-1所示的螺纹轴螺纹自动加工路线的生成，零件外形已加工完成。
（2）完成后，进行3D加工路线模拟仿真，进行加工刀路验证。
（3）生成相应的加工程序，并进行相应的程序修改。

收获评一评

评价项目	配分	评价内容	综合评价			最终得分
			自评	互评	教师评价	
职业素养	30	迟到（5分）				
		早退（5分）				
		串岗（5分）				
		6S管理（5分）				
		认真完成任务（10分）				
专业能力（软件应用）	70	螺纹加工路线的绘制（10分）				
		螺纹刀具的设置（10分）				
		螺纹刀具路线的生成（10分）				
		加工仿真及参数调整（10分）				
		后置处理生成加工程序（20分）				
		软件的熟练操作（10分）				
学习心得						
教师评语						最终成绩

能力拓一拓

使用CAXA CAM数控车软件，完成如图9-5-19所示零件内螺纹加工路线，并进行3D模拟验证和生成相应的加工程序。

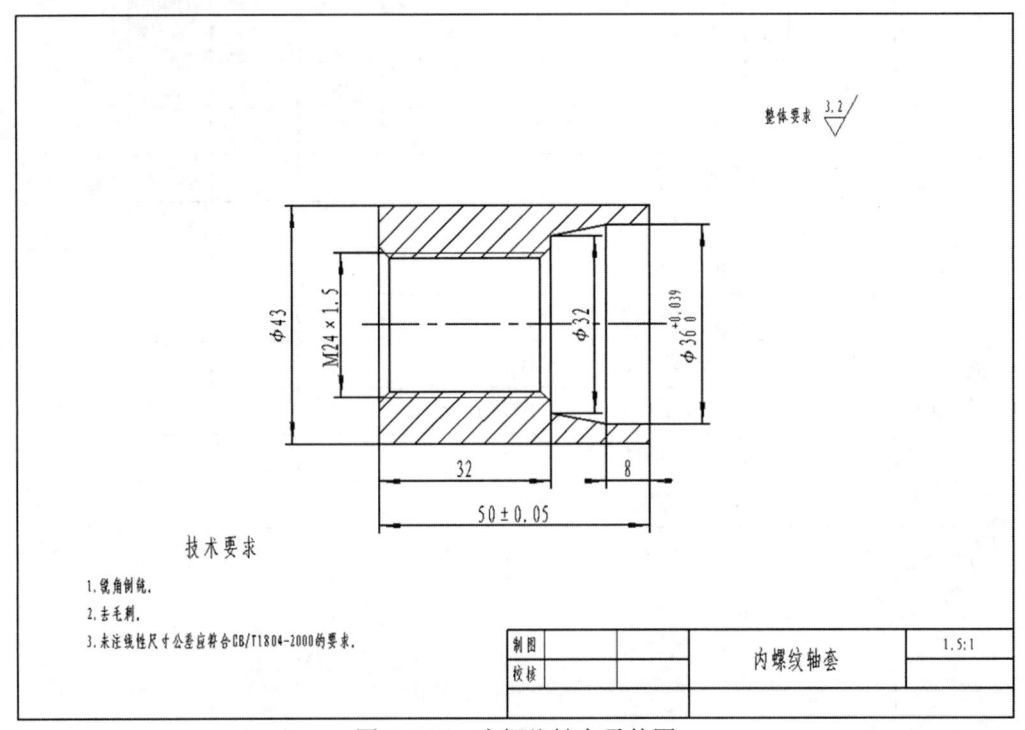

图 9-5-19　内螺纹轴套零件图